Josef W. Seifert /
Christian Holst

Projekt-Moderation

Josef W. Seifert /
Christian Holst

Projekt-Moderation

Projekte sicher leiten – Projektteams effizient moderieren

Bibliografische Information Der Deutschen Bibliothek

Die Deutsche Bibliothek verzeichnet diese Publikation in der Deutschen Nationalbibliografie; detaillierte bibliografische Daten sind im Internet über http://dnb.ddb.de abrufbar.

ISBN 3-89749-432-9

Lektorat: Ute Flockenhaus, Fischerhude
Umschlaggestaltung: +malsy Kommunikation und Gestaltung, Bremen
Coverillustrationen: ZEFA Visual Media, Hamburg
Illustrationen: Peter Kaste, Erlangen
Satz und Layout: Josef W. Seifert, Pörnbach
Druck: Richard Bretschneider GmbH, Braunschweig

www.gabal-verlag.de

Inhalt

Zum Buch

Liebe Leserin, lieber Leser, Sie fragen sich vielleicht, wie wir als Moderatoren dazu kommen, ein Buch zum Thema Projektarbeit zu schreiben?

Nun, auch Moderatoren schauen über den Tellerrand hinaus ... Und so haben wir in Projektmanagementtrainings häufig die Rückmeldung bekommen, dass das klassische Projektmanagement-Know-how „zwar interessant und hilfreich sei, aber ..."

Immer wieder berichteten uns Teilnehmer, dass das Arbeiten mit einer Projektmanagementsoftware, wie etwa MS-Projekt oder Ähnlichem, viel zu aufwändig sei zur Abwicklung ihrer „Alltagsprojekte". Es wäre zwar interessant zu sehen, wie man einen Netzplan durchrechnet, aber letztlich sei das alles „zu viel des Guten".

„Ich muss ja keinen Flughafen bauen", sagte einmal eine Teilnehmerin, „ich brauche ein einfaches Tool, das mir hilft, Aufgaben, die ich nicht mehr einfach im Kopf strukturieren kann, mit Kollegen zusammen geordnet abzuarbeiten."

Die Businessmoderation gibt dazu viele Hilfen an die Hand, aber wir gewannen den Eindruck, dass zwischen Moderation und Projektmanagement etwas fehlt: ein Bindeglied oder ein eigener Ansatz?!

„Projekt-Moderation: Projekte sicher leiten – Projektteams effizient moderieren" will diese Lücke schließen. Das Buch ist ein Leitfaden für das Organisieren und Leiten von Projekten ohne den Einsatz von spezieller Projektmanagementsoftware.

Es wendet sich an alle, die immer wieder nach dem Motto „Machen Sie mal!" komplexe Aufgaben übertragen bekommen und diese dann effektiv strukturieren und die Zusammenarbeit eines Teams gestalten müssen.

Die Basis des dargestellten Vorgehens ist die klassische Projektmanagementmethodik. Die Wahl der Medien und Methoden erlaubt es aber, „mit Bordmitteln" zu arbeiten und alle Projektmitarbeiter von Anfang an intensiv in die gemeinsame Arbeit einzubeziehen. Das „A und O" des Buches ist – wie immer – das konkrete Doing!

Viel Spaß bei der Lektüre und noch mehr Spaß bei der Umsetzung in die eigene Moderations- und Projektpraxis!

Puch, im Januar 2004
Josef W. Seifert / Christian Holst

Übrigens: Wenn im Folgenden vom Projektmoderator, Projektteammitarbeiter ... die Rede ist, so ist damit natürlich immer auch die Projektmoderatorin, die Projektteammitarbeiterin ... gemeint. Da es einfacher ist, einen Text in einem grammatischen Geschlecht zu schreiben (und zu lesen), beschränken wir uns auf die männliche Form.

Ein Projekt,
was ist das eigentlich?

Der Begriff „Projekt" wird inflationär gebraucht. In manchen Organisationen und für manche Personen ist beinahe jede zu erledigende Aufgabe ein „Projekt". Will man aus dem Begriff Nutzen ziehen, ist es daher erforderlich, ihn zu definieren, also festzulegen, wann eine zu erledigende Aufgabe „Projekt" heißen soll und wann nicht.

Die gebräuchliche Unterscheidung, die sich hierfür anbietet, ist die in:

- Routinetätigkeiten und
- Projekte.

Routinetätigkeiten

Routinetätigkeiten bezeichnen alle Tätigkeiten zur Erledigung von immer wiederkehrenden Aufgaben. Das Spitzen des Bleistiftes, die Erledigung der Post oder die Teilnahme am wöchentlichen Team-Meeting sind klassische Routinetätigkeiten.

Routinetätigkeiten sind durch eine gewisse Anzahl von Wiederholungen gekennzeichnet!

Projekte

Was ein Projekt ist, kann nicht allgemein gültig festgelegt werden, da die zu erledigenden Aufgaben zu unterschiedlich sind. Eine etwas allgemeinere Definition lautet:

Eine Aufgabe ist immer dann ein Projekt, wenn folgende Kriterien gegeben sind:

- erst- oder einmalig,
- komplex,
- befristet.

Erstmalig ist eine Aufgabe immer dann, wenn sie vorher noch nie oder noch nie auf diese Art und Weise getan wurde. Als **einmalig** kann eine Aufgabe gelten, wenn sie nur einmal (so) getan werden soll. Soll etwas, nachdem es erstmals getan wurde, später wieder (so) getan werden, geht das Projekt in die Routine über.

Komplex bedeutet, dass eine Aufgabe nicht mehr rein gedanklich zu strukturieren ist, sondern Hilfsmittel erforderlich sind, um einen Überblick herzustellen – und zu behalten.

Projekte sind einmalig, komplex und zeitlich befristet!

Komplex bedeutet auch, dass zur Bewältigung der Aufgabe mehrere Menschen zusammenarbeiten müssen, weil eine Person alleine weder den erforderlichen Sachverstand noch die entsprechende „Manpower" hat.

Befristet meint, dass die Aufgabe – im Gegensatz zu einer Routineaufgabe, die „immer" (wieder) zu tun ist – innerhalb eines definierten Zeitrahmens zu leisten ist. Es gibt einen Start- und einen Endzeitpunkt.

... und Projektmanagement?

Wenn eine Aufgabe einmalig, komplex und befristet ist, so dass man sie nicht einfach tun kann wie einen Salatkopf abzuschneiden, muss man sich über die Art und Weise der Aufgabenerledigung Gedanken machen: *„Was ist eigentlich genau zu tun?", „Wie kann es getan werden?", „Wen brauche ich dazu?"* ... Damit wird das „Drumherum" selbst zur Aufgabe. Diese „Drumherum-Aufgabe" ist das, was man als Projektmanagement bezeichnet.

Projektmanagement als „Management der Erledigung einer Aufgabe" ist seinerseits eine Aufgabe. Es steht dafür ein ausgeklügeltes Regelwerk zur Verfügung, welches in zahlreichen Büchern ausführlich beschrieben ist. Dies reicht von der Beschreibung der Vorgehensschritte über Organisationsmodelle bis hin zu EDV-Programmen zur Termin- und Ressourcenplanung sowie deren Überwachung. Es gibt sogar eine DIN-Norm (69901) zum Projektmanagement.

Je nach Art und Umfang der gestellten Aufgabe ist es sinnvoll oder gar unabdingbar, sich dieses Repertoires zu bedienen. Grundsätzlich wird es aber so sein, dass man den Aufwand für das Projektmanagement möglichst

gering hält. Das Management der Aufgabenerledigung darf nicht zum Selbstzweck werden. Es soll Hilfsmittel sein, nicht weniger, aber auch nicht mehr!

Zur Bewältigung kleinerer Projekte ist es daher denkbar und wünschenswert, nur den Kern des Projektmanagement-Know-hows zu nutzen und ggf. völlig auf EDV-Unterstützung – zumindest aber auf den Einsatz spezieller Projektmanagementsoftware – zu verzichten.

Im Folgenden ist ein „Low-Tech-Projektmanagement" (für kleine und mittlere Projekte) beschrieben, das wir „Projekt-Moderation" nennen. Der Begriff Moderation ist abgeleitet aus „moderatio", einem lateinischen Begriff, der für „Maß halten", „das rechte Maß", aber auch für „Lenken" steht.

„Projekt-Moderation" steht damit für eine spezielle Art Projekte zu leiten. Die wesentlichen **Kennzeichen** von Projekt-Moderation sind vor allem:

- professionelles Vorgehen durch Nutzung des klassischen Projektmanagement-Know-hows auch für kleine Projekte;

- Arbeitserleichterung durch Verzicht auf Projektmanagementsoftware;

- Aktivierung, Motivation und Integration aller Projektmitglieder über intensive „Face-to-Face-Arbeit" durch Moderation.

Projekt-Moderation gliedert sich dabei in die vier Hauptschritte „Projektstart", „Projektplanung", „Projektsteuerung" und „Projektabschluss". Jeder dieser Schritte hat ein Ziel und diverse Unterschritte zur Erreichung dieses Zieles. Der „Projekt-Moderationszyklus" in Abbildung 1

bietet hierzu einen Überblick und die folgenden Seiten geben im Detail Auskunft über das „Was?", „Wozu?" und „Wie?" der einzelnen Arbeitsschritte. Und noch etwas vorab: In der Praxis ist häufig nicht klar, wann eine Aufgabe als Projekt zu sehen und zu behandeln ist. Dies führt häufig zu Verunsicherung und „Wursteln".

Dazu ein **Tipp**: Wenn es in Ihrer Organisation keine Definition von Projekten gibt, formulieren Sie selbst einen Definitionsvorschlag, und sei es „nur" als Arbeitshilfe für Sie persönlich! **Und arbeiten Sie danach!**

Wenn – gemäß Ihrer Arbeitsdefinition – klar ist, dass Sie eine zu erledigende Aufgabe als Projekt behandeln werden, gehen Sie nach den Schritten des „Projektzyklus" vor:

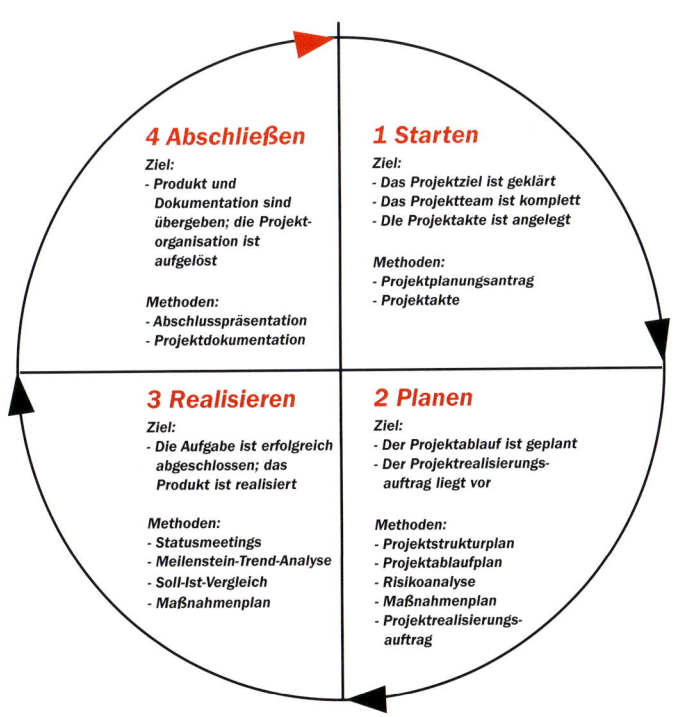

4 Abschließen

Ziel:
- *Produkt und Dokumentation sind übergeben; die Projektorganisation ist aufgelöst*

Methoden:
- *Abschlusspräsentation*
- *Projektdokumentation*

1 Starten

Ziel:
- *Das Projektziel ist geklärt*
- *Das Projektteam ist komplett*
- *Die Projektakte ist angelegt*

Methoden:
- *Projektplanungsantrag*
- *Projektakte*

3 Realisieren

Ziel:
- *Die Aufgabe ist erfolgreich abgeschlossen; das Produkt ist realisiert*

Methoden:
- *Statusmeetings*
- *Meilenstein-Trend-Analyse*
- *Soll-Ist-Vergleich*
- *Maßnahmenplan*

2 Planen

Ziel:
- *Der Projektablauf ist geplant*
- *Der Projektrealisierungsauftrag liegt vor*

Methoden:
- *Projektstrukturplan*
- *Projektablaufplan*
- *Risikoanalyse*
- *Maßnahmenplan*
- *Projektrealisierungsauftrag*

Abb. 1 – Der „Projektzyklus"

1 Der Anfang vor dem Anfang oder: der Projektstart

Jedes Projekt hat einen Anfang. Und jedes Projekt hat eine Vorgeschichte! Irgendwann kommt jemand auf die Idee, dass eine Aufgabe getan werden muss. Ist man dann zu der Überzeugung gelangt, dass man es – gemäß der (haus)eigenen Definition – mit einer Projektaufgabe zu tun hat, beginnt die Vorarbeit für das Projekt, der so genannte „Projektstart".

In dieser Phase geht es für den Projektleiter/Projekt-Moderator zunächst darum, Fragen zu klären wie:

- „Wer will (warum) was bis wann?"

- „Welche Ressourcen stehen dafür zur Verfügung?"

- „Welche Kompetenzen habe ich?"

- „Welche Organisationsform ist gewünscht bzw. sinnvoll und möglich?"

Im ersten Schritt widmet sich der Projektleiter der Frage nach dem „Wer will (warum) was bis wann?". Sie dient der Klärung, wer konkret der Auftraggeber und was konkret die Zielsetzung des Projektes ist. Die Betonung liegt dabei auf **konkret!**

Gemäß dem Motto „Wenn man nicht weiß, wohin man will, darf man sich auch nicht wundern, wenn man ganz woanders ankommt!" sollte man am Anfang klären, wer der Auftraggeber ist, und mit diesem persönlich darüber sprechen, was er (aus welchem Anlass) wozu und in welcher Form als Ergebnis haben möchte. Möglicherweise wird dies zur „Verhandlungssache", weil das, was der Auftraggeber gerne hätte, inhaltlich (Hubschrauber zum Schneefräsen in Hoteleinfahrten), zeitlich (Neuentwicklung bis zum nächsten 1.), mit den zur Verfügung stehenden Ressourcen (2 Mann halbtags und 20.000,– € bar auf die Hand), den gegebenen Kompetenzen (die Entscheidung darüber, wann die Projektmitarbeiter zur Verfügung stehen, trifft allein der Abteilungleiter „Entwicklung" und Ausgaben sind vom Abteilungsleiter „Controlling" zu genehmigen) … aus Sicht des Projektleiters/Projekt-Moderators nicht zu machen ist.

Aber Spaß beiseite. Ziel dieser ersten Phase ist es, einen möglichst realistischen, eindeutig formulierten und verbindlich vereinbarten Projektplanungsauftrag zu erhalten, der letztlich die Entscheidung ermöglicht, ob das Projekt realisiert werden kann. Dieser Projektplanungsauftrag beinhaltet einerseits das Projektziel und andererseits die Rahmenbedingungen für das Projekt. Beides wird auf den folgenden Seiten näher betrachtet.

Nicht jede Projektidee
ist sinnvoll!

1.1 Das Projektziel

Ein Ziel beschreibt grundsätzlich (möglichst präzise!) einen angestrebten Zustand, ein „Soll" im Vergleich zum „Ist".

Für ein Projekt bedeutet dies, dass möglichst unmissverständlich zu beschreiben ist, was durch das Projekt erreicht werden soll. Dabei geht es darum, festzuschreiben, was inhaltlich erreicht werden soll, in welchem Zeitrahmen und zu welchem Preis. Abbildung 2 zeigt die genannten „Zielbereiche" im Zusammenhang.

Zur Zielklärung und Zielformulierung kann man sich etwa die folgenden Fragen stellen:

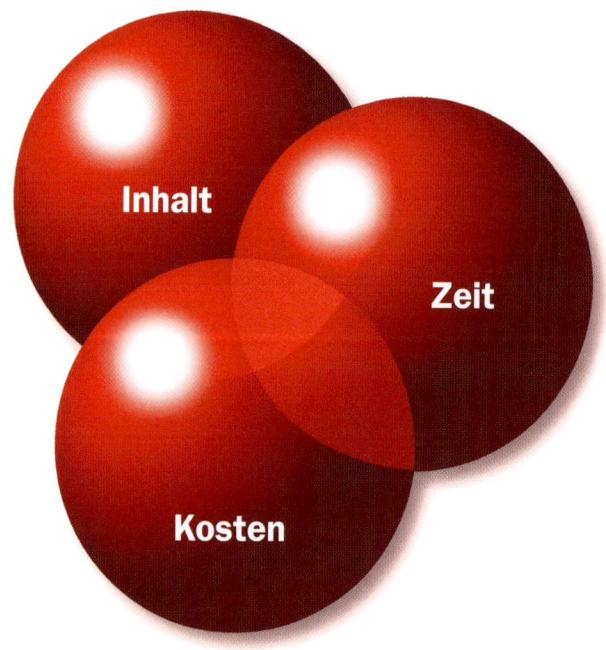

Abb. 2 – Zielbereiche

Inhalt

- *„Was ist nach Erreichung des Projektzieles anders als jetzt? In welcher Hinsicht?"*

- *„Was gibt es dann, was es jetzt (so) nicht gibt? Wie sieht das konkret aus?"*

Zeit

- *„Wann genau ist das inhaltliche Ziel erreicht? In welchem Jahr, an welchem Tag und ggf. zu welcher Stunde?"*

- *„Wann müssen wir (spätestens) starten, damit das Zeitziel eingehalten werden kann?"*

Kosten

- *„Was wird die Erreichung des Sachzieles kosten?"*

- *„Mit welchen Sachkosten und mit welchen Personalkosten ist zu rechnen?"*

Bei größeren und/oder technischen Projekten wird man die Antworten auf diese Fragen in einer Spezifikation oder einem Lastenheft bis ins Detail niederschreiben. Für klein(er)e Projekte können die Antworten eventuell direkt in dem bereits erwähnten „Projektplanungsauftrag" formuliert werden (vgl. Abb. 3 – „Projektplanungsauftrag", Seite 31).

Dafür im Folgenden für jeden der drei Zielbereiche noch einige Hinweise und Tipps:

Inhalt

Der Endzustand sollte vorab
so konkret wie möglich
definiert werden

Das inhaltliche Ziel im Vorhinein eindeutig zu definieren, also so zu beschreiben, dass es klar und unmissverständlich ist, ist sehr schwer. Doch Vorbeugen ist bekanntlich „besser als Bohren". Je genauer es gelingt das Ziel inhaltlich festzulegen, desto weniger Missverständnisse können während des Projektverlaufes und bei Projektabschluss entstehen. Deshalb gilt:

● **Definieren Sie den Endzustand!**

Beschreiben Sie den Zustand nach Projektabschluss möglichst genau und eindeutig: *Was ist bei Projektabschluss anders als jetzt? Was steht dann zur Verfügung, was es jetzt (so) noch nicht gibt? Wie sieht das ganz konkret aus?*

Wichtig ist es, in der Formulierung den Endzustand quasi vorwegzunehmen. Das Projektziel lautet also nicht: „Wir bauen ein Haus.", sondern: *„Wir haben* *ein Haus!"*. Es heißt nicht: *„Wir erstellen ein neues Marketingkonzept!"*, sondern: *„Wir haben ein neues Marketingkonzept!"*. Nicht *„Wir setzen eine neue Produktionsmaschine ein!"*, sondern: *„Die Maschine 'Krümel & Monster 4711' hat – bei störungsfreiem Lauf – 1000 einwandfreie Schokoladen-Nikoläuse erzeugt!"* (Wobei in letztgenanntem Fall zu definieren wäre, was „einwandfrei" bedeutet.).

● Geben Sie Messgrößen an!

Für alles, was quantifizierbar ist, sollten Sie eindeutige Messgrößen angeben. Wenn es das Projektziel ist, aus zwei Pfund Waschpulver ein Kilo Gold herzustellen, dann kann man bei Projektabschluss wiegen und eindeutig feststellen, ob es ein Kilo geworden ist und damit das Projektziel erreicht wurde.

Gemäß dem Motto „Gut geschätzt ist besser als schlecht gerechnet!" sollten Sie (wenn irgend möglich) auch für qualitative Ziele Messgrößen angeben. Ein Projektziel wie „Unsere Führungskräfte verstehen sich als Coaches ihrer Teams!" kann man vielleicht an messbaren Größen festmachen, wie Anzahl der Beschwerden beim Betriebsrat, Krankheitstage oder Fluktuationsquote.

● Grenzen Sie das Projekt ab!

Um die Grenze möglichst scharf zu ziehen, sollten Sie hinsichtlich möglicher „Unschärfebereiche" notieren, was nicht zum Projekt gehört. Beim Hausbau sind es vielleicht die Außenanlagen, die nicht mehr zum Projektumfang gehören, bei der Niko-

lausmaschine ist es möglicherweise die Umstellung auf Osterhasenproduktion.

Zeit

Der Zeitrahmen legt exakt Beginn und Ende des Projektes fest. Ein verspäteter Projektabschluss kann das Projektergebnis wertlos machen. Würde beispielsweise ein Messestand eine Woche später fertig als geplant, ist er wertlos, weil die Messe zwischenzeitlich vorbei ist.

● **Legen Sie Anfang und Ende fest!**

Ein Projektauftrag benennt den Start und das Ende des Projektes so exakt wie möglich/erforderlich. Bleiben Sie dabei so realistisch wie möglich und nehmen Sie sich nicht das Unmögliche vor, nur um (vor sich selbst) gut dazustehen!

● **„Monitoren" Sie das Ziel!**

Je näher man – während des Projektes – dem Ziel kommt, desto klarer zeichnet es sich ab. Und desto klarer sieht man auch, was zu Beginn des Projektes zu optimistisch eingeschätzt wurde, was eventuell sogar übersehen wurde.

Hinzu kommt, dass sich alles kontinuierlich verändert und nichts beständig ist. So verändert sich auch die Umwelt eines Projektes. Und: Die Dinge entwickeln sich häufig anders als erwartet.

Sie sollten daher das Projektziel (hinsichtlich Inhalt, Zeit und Kosten) kontinuierlich überprüfen und ggf. mit dem Auftraggeber und dem Projektteam eine Modifizierung vornehmen.

Kosten/Ressourcen

Jedes Projekt ist mit Aufwand verbunden. Mit finanziellem Aufwand, mit zeitlichem Engagement, vielleicht sind auch Maschinenkapazitäten erforderlich ... Für den Projektauftrag sind deshalb die folgenden drei Aspekte zu klären:

- **Legen Sie die Kosten fest!**

  Die Kosten eines Projektes sind häufig nicht von vorneherein exakt kalkulierbar. Die Aufgabe wird ja erstmalig (so) getan. Trotzdem muss ein Kostenrahmen erstellt werden.

  Schätzen Sie den Aufwand grob und überprüfen Sie die Schätzung, nachdem Sie das Projekt geplant haben (vgl. Kapitel 3, Seite 94f.).

Die Projektkosten sollten die finanziellen Möglichkeiten nicht übersteigen!

Wenn Sie sich schwer tun, die Kosten zu ermitteln, gibt es ja vielleicht jemanden in Ihrem Umfeld, der schon mal ein ähnliches Projekt geleitet und einschlägige Erfahrung gesammelt hat. Sie können diese Person dann ggf. um eine Einschätzung bitten, um wenigstens annäherungsweise eine Idee davon zu bekommen, „was sowas kosten darf".

● Legen Sie die „Manpower" fest!

Überlegen Sie sich, welches Fach-Know-how Sie zur Bewältigung der gestellten Aufgabe (= inhaltliches Ziel) benötigen: *„Welchen Fachmann/welche Fachfrau brauche ich für wie lange?" „Was muss die Person können und von wann bis wann muss sie mir zur Verfügung stehen?"*

Vielleicht sind Sie sogar in der glücklichen Lage und haben ein Mitspracherecht bei der Auswahl der Projektmitarbeiter, aber das ist schon mehr eine Frage der Projektorganisation (vgl. Seite 23ff.). Für den Projektauftrag geht es zunächst „nur" um das Know-how und die Verfügbarkeit der Mitarbeiter.

● Legen Sie die „Hardware" fest!

Wenn Sie zur Realisierung Ihres (inhaltlichen) Projektzieles technische Geräte einsetzen müssen, rechnen Sie hoch, welche Geräte Sie wann brauchen werden! Einerseits können Sie nur so sicherstellen, dass Ihnen die benötigten Kapazitäten dann auch entsprechend für Verfügung gestellt werden, und andererseits helfen Ihnen diese Überlegungen bei der Planung von Kosten und „Manpower".

1.2 Die Projektorganisation

Sind Inhalt, Zeit- und Kostenrahmen festgelegt, muss entschieden werden, wie das Projekt in die Gesamtorganisation eingebettet wird und wer zum Projektteam gehören soll.

Es gibt im Grunde nur drei Möglichkeiten Projektarbeit zu organisieren; diese sind:

A Das Projekt als faktische Organisationseinheit: „Projektmanagement pur"

B Das Projekt als virtuelle Organisationseinheit: „Projekt-Moderation"

C Das Projekt als Matrix-Organisationseinheit: „Die Mischform"

Im Folgenden mehr dazu ...

Ein Projekt ist häufig eine virtuelle Organisationseinheit

Das Projekt als faktische Organisationseinheit

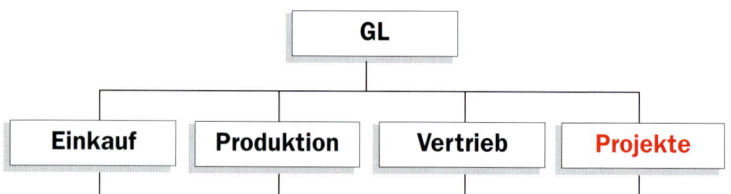

Bei der Einrichtung eines Projektes als faktische Organisationseinheit ist das Projektteam eine „Linienfunktion (auf Zeit)". Alle Mitarbeiter sind für die Dauer der Projektarbeit ausschließlich für die Realisierung des Projektzieles tätig. Das Projektteam hat einen disziplinarischen Vorgesetzten, den Projektleiter.

Kennzeichen: Vor- und Nachteile

- ✦ Der entscheidende Vorteil dieser Organisationsform ist die Klarheit, z.B. in der Zugehörigkeit.

- ✦ Es gibt kein Kompetenzgerangel zwischen Linienvorgesetztem und Projektleiter.

- ✦ Das Projektteam hat eigene Räumlichkeiten und Hilfsmittel.

- – Die Reintegration der Projektmitarbeiter in die Linienorganisation ist oft schwierig.

- – Es sind eigene/zusätzliche Räumlichkeiten, Hilfsmittel etc. erforderlich.

- – Der erforderliche Aufwand ist meist nur für große Projekte gerechtfertigt.

Das Projekt als virtuelle Organisationseinheit

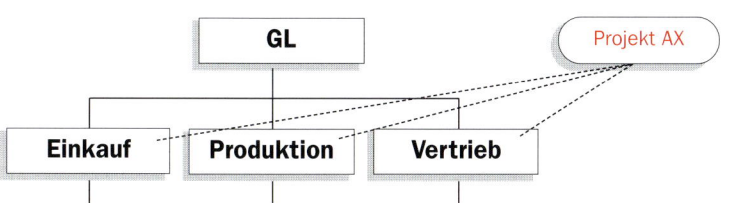

Bei der Organisation einer Projektarbeit als virtuelle Organisationseinheit setzt sich das Projektteam aus „Linienmitarbeitern" zusammen. Eine Gruppe von Mitarbeitern übernimmt eine Zusatzaufgabe auf Zeit und wird dabei in aller Regel im Bereich der eigentlichen Aufgaben nicht entlastet.

Für kleine/re Projekte wird diese Form der Projektorganisation die angemessene sein.

Kennzeichen: Vor- und Nachteile

+ Der große Vorteil dieser Organisationsform ist die relativ einfache Realisierbarkeit.

+ Es sind keine zusätzlichen Mitarbeiter erforderlich.

+ Es sind keine zusätzlichen Räumlichkeiten, Maschinen und Hilfsmittel erforderlich.

+ Reintegrationsanstrengungen der Projektmitarbeiter in die reguläre Organisation entfallen.

– Erschwertes Selbstmanagement der Projektmitarbeiter durch Doppelbelastung, auch bei Entlastung von Routinetätigkeiten.

Das Projekt als Matrix-Organisationseinheit

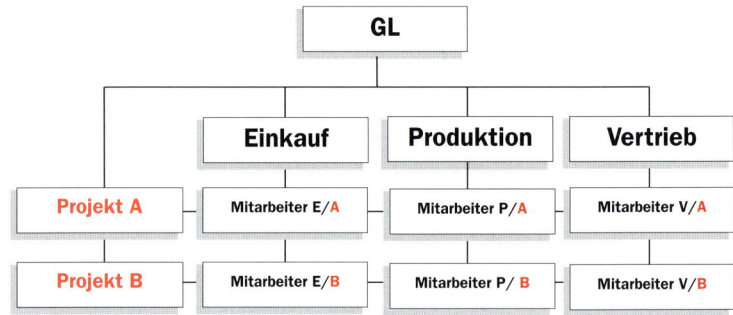

In der Projektpraxis gibt es als Mischform der skizzierten Organisationsformen überdies die „Matrix-Organisation". In dieser Organisationsform müssen die Projektmitglieder „zwei Herren" gleichzeitig dienen. Sie sind einerseits dem Linienvorgesetzen unterstellt und andererseits auch dem Projektleiter. Diese Organisationsform wird häufig dann gewählt, wenn Projektarbeit ein Dauerzustand ist, wenn es also auf Dauer beide Organisationsformen nebeneinander geben soll/muss.

Kennzeichen: Vor- und Nachteile

+ Der Vorteil dieser Organisationsform ist, dass der Projektleiter – wie bei der reinen Projektorganisation (siehe Seite 24) – ausschließlich für die Projektarbeit zuständig ist und sich ganz darauf konzentrieren kann.

– Der entscheidende Nachteil ist es, dass die Projektmitarbeiter in doppelter Weise weisungsgebunden sind: einerseits gegenüber dem Linienvorgesetzten und andererseits gegenüber dem Projektleiter. Konflikte zwischen den beiden Leitern sind nahezu vorprogrammiert ...

1.3 Der Projektplanungsauftrag

Der Projektplanungsauftrag ist das Ziel der ersten Phase eines Projektes (vgl. Seite 14). Er ist das Fundament, auf dem das Projekt aufgebaut wird. Die wesentlichen/fundamentalen Daten werden in diesem Arbeitspapier dokumentiert. Es wird vom Auftraggeber und vom Projektleiter/Projektmoderator als Auftragnehmer unterzeichnet und ist damit die verbindliche Basis für das weitere Vorgehen.

Wenn (z.B. technische) Details dokumentiert werden müssen, sollte dies in einer separaten Definition/Spezifikation geschehen, der Projektauftrag an sich sollte nicht zu umfangreich sein. Vielleicht genügt sogar eine Seite (wie im Beispiel auf Seite 31).

Wichtig: Sorgen Sie als verantwortlicher Projekt-Moderator selbst dafür, dass ein Projektauftrag entsteht – arbeiten Sie niemals aufgrund eines Auftrages nach dem Motto „Machen Sie mal!"! Wenn Sie Ihr Haus „auf Sand bauen", sind schlussendlich immer Sie der/die Dumme!

Der Projektauftrag sollte nicht zu umfangreich sein!

Sind die grundlegenden Fragen zur inhaltlichen Zielsetzung, dem Zeit- und Kostenrahmen sowie der Organisationsstruktur geklärt, geht es um die Auswahl der Projektmitarbeiter und die Planung der inhaltlichen Arbeit.

1.4 Das Projektteam

Das Projektteam besteht aus einem Projektleiter und den Projektmitgliedern.

Eine „Gretchenfrage" ist nun zunächst, ob dem Projektleiter, der ja in jedem Falle die inhaltlichen Verantwortung für die Erreichung des Sachzieles, die Einhaltung des Budgets ... zu tragen hat, auch die entsprechenden (Personalführungs-)Kompetenzen übertragen werden oder ob er als „verlängerter Arm" des Auftraggebers ausschließlich als Organisator und Moderator des Projektteams agiert.

Den „klassischen", mit allen Machtmitteln ausgestatteten Projektleiter [vgl. DIN69901] gibt es es in aller Regel nur in der reinen Projektorganisation (vgl. Seite 24).

In der Praxis der „Alltags-/Kleinprojekte" ist die Bezeichnung Projektleiter in aller Regel eine „Mogelpackung", da zwar Verantwortung für Ablauf und Ergebnisse, nicht aber Weisungs- und Disziplinarmacht übertragen werden. Diese bleiben beim Linienvorgesetzten des jeweiligen Projektmitgliedes. Treffender ist es daher, in diesen Fällen vom „Projekt-Moderator" zu sprechen.

Damit die Erfüllung der übertragenen Projektaufgabe trotzdem gelingt, benötigt der Moderator ein Höchstmaß an Sozialkompetenz und integrativen Fähigkeiten und Methoden. Es gilt, ein Team zu formen und non-direktiv zu leiten, den Ressourceneinsatz mit den betroffenen Fachabteilungen abzustimmen … und letztlich auch darum, Unstimmigkeiten und Konflikte zu erkennen, zu klären und zu lösen.

Die MODERATIOnsMETHODE stellt dafür das „ideale" Instrumentarium bereit. Sie gibt sowohl Techniken zur partizipativen, non-direktiven Teamleitung als auch leicht handhabbare Techniken zur Strukturierung von Sachaufgaben an die Hand.

Darüber hinaus bietet sie die Möglichkeit, auf den Einsatz spezieller Projektmanagementsoftware gänzlich zu verzichten.

Die Auswahl der Projektmitglieder wird bei kleine(re)n Projekten ein Werben um Freiwillige und/oder konkrete Personen sein. Man wird nicht projektbezogen Mitarbeiter von außen rekrutieren, sondern Kollegen um ihre Mitarbeit bitten. Hierbei ist es wichtig, darauf zu achten, dass das erforderliche Fach-Know-how zu-

Der Projektleiter sollte unbedingt wirksame Techniken zur Gewinnung von Projektmitgliedern haben!

sammenkommt und die Kollegen ernsthaft an der Mitarbeit interessiert sind! Die Projektgruppe sollte übrigens nur so groß wie unbedingt nötig (Fach-Know-how, Menge der zu erledigenden Aufgaben ...), dabei aber so klein wie irgend möglich sein, da dies das Zusammenwirken deutlich erleichtert. Ist das Team formiert, kann die inhaltliche Arbeit beginnen.

1.5 Die Projektakte

Vor dem Start der Projektarbeit mit dem Team sollten Sie zur Dokumentation und Erfahrungssicherung alle relevanten Informationen zum Projekt – von der Telefonnotiz bis zum Projektauftrag – in einer Projektakte z.B. in Form eines Ordners oder EDV-Ablagesystems festhalten.

Die Projektakte gibt Ihnen – bei sorgfältiger Pflege – zu jeder Zeit den aktuellen Stand des Projektes wieder. Sie sollten diese ganz am Anfang anlegen und kontinuierlich erweitern und pflegen. Im Laufe der Zeit werden sich dort Inhalte finden wie:

- Projektplanungsauftrag

- Projekt(realisierungs)auftrag

- Terminpläne

- Ressourcenplanung

- Kostenpläne

- Protokolle & Statusberichte

- Gesprächsnotizen

Projektplanungsauftrag

Projektnummer:

Projektbezeichnung:

Projektanstoß:

Projektziel

Inhalt _____

_____

_____

Kosten _____

Auftraggeber   **Projekt-Moderator**

_____   _____

Mitglieder des Projektteams

_____   _____

_____   _____

_____   _____

_____   _____

Planungs-Endtermin:

München, den _____

_____   _____
Auftraggeber   Projekt-Moderator

Abb. 3 – Projektplanungsauftrag

2 Und endlich geht's los
oder: die Projektplanung

Im Rahmen der „Projektplanung" ist zu klären, was konkret getan werden muss, um das Projektziel zu erreichen. Es wird zusammengetragen, welche Aufgaben im Einzelnen erledigt werden müssen. Dazu ist ein sogenannter „Projektstrukturplan" zu erstellen. Hierzu gibt es grundsätzlich die folgenden zwei Möglichkeiten:

● **Top-down**

Dies bedeutet, dass es einen oder mehrere Experten gibt, die aufgrund ihres Fach-Know-hows in der Lage sind, das Projekt zu strukturieren. Ein Architekt etwa kann dies für ein einfaches Bauprojekt tun. Die Projektmitarbeiter werden erst eingebunden, wenn die Struktur steht. Die Information läuft von „oben" nach „unten": top-down. Die Zeitersparnis bei der Grobplanung wird gegebenenfalls erkauft durch mangelnde Akzeptanz und fehlende Identifikation der (späteren) Projektmitglieder mit dem geplanten Vorhaben/Vorgehen.

● **Bottum-up**

Projekt-Moderation geht den umgekehrten Weg und setzt auf eine möglichst frühe Einbindung der Projektteammitglieder. Die Informationen, was zur Zielerreichung zu erledigen ist, werden gemeinsam zusammengetragen. Dies erhöht die Wahrscheinlichkeit, dass nichts vergessen wird, und vergrößert den Grad an Verbindlichkeit für den Einzelnen. Da alle Projektmitglieder von Anfang an dabei sind, wird das Projekt als gemeinsames „Baby" betrachtet.

Diese „Stoffsammlung" findet im Rahmen des ersten Treffens des Projektteams statt, dem so genannten Projekt-„**Kick-off-Meeting**". Und sie ist nur ein Teil dessen, was in dieser Zusammenkunft zu leisten ist.

Da das Kick-off-Meeting das erste Treffen der Projekt-gruppe ist, geht es darum, sowohl erste gemeinsame Sach- als auch Beziehungsarbeit zu leisten: Das Team muss sich emotional finden und die Sachaufgabe muss angepackt werden.

Was die „**Beziehung**sarbeit" betrifft, geht es darum, einander (besser) kennen zu lernen, die gegenseitigen Erwartungen abzuklopfen, sich Regeln für das Mitei-nander zu geben ... In der **Sache** geht es darum, kon-kret an folgenden Punkten zu arbeiten:

- Projektplanungsauftrag (siehe Seite 56)
- Projektstrukturplan (siehe Seite 62)
- Arbeitspakete und Meilensteine (siehe Seite 64)
- Aufwandschätzung: Termin-, Ressourcen-, Kos-tenplanung (siehe Seite 66)
- Ablaufplanung/Projektplan (siehen Seite 76)
- Risikoanalyse ...

Beim Kick-off sollten sich die Teilnehmer unbedingt näher kommen!

Es kann nun sein, dass diese Aufgaben in einer ersten Sitzung (ggf. über mehrere Tage) am Stück erledigt werden können, es ist aber auch denkbar, dass sie „scheibchenweise" in mehreren Sitzungen abgearbeitet werden.

Im Folgenden ist beispielhaft die Kick-off-Veranstaltung in Form eines zweitägigen Workshops dargestellt, in der alle Aufgaben am Stück abgearbeitet werden.

Zur Strukturierung des Meetings gehen Sie nach den Phasen des „Moderationszyklus" vor:*

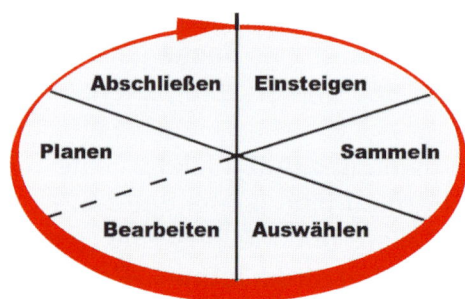

Abb. 4 – Der „Moderationszyklus"

Dabei geht es in der Phase „**Einsteigen**" darum, den Teilnehmern inhaltliche und prozessuale Orientierung zu geben: *Worum geht's hier und heute? Wie ist der Ablauf geplant?* etc.

In der Phase „**Sammeln**" werden die im Workshop zu bearbeitenden Themen zusammengetragen.

Die Phase „**Auswählen**" dient der Prioritätensetzung:

---

* Eine ausführliche Darstellung der Moderationstechnik finden Sie in:
  Josef W. Seifert: Visualisieren - Präsentieren - Moderieren.
  21. Auflage. Offenbach: GABAL Verlag, 2004

Was machen wir erst und was dann?

Das „**Bearbeiten**" dient dann dem strukturierten Bearbeiten der gesammelten Themen gemäß der festgelegten Reihenfolge.

In der Phase „**Planen**" werden die zu ergreifenden Maßnahmen konkret festgeschrieben.

Die Phase „**Abschließen**" dient der – inhaltlichen und prozessualen – Reflexion der gemeinsamen Arbeit und der Beendigung der Zusammenkunft.

Ab Seite 38 sind die Phasen im Detail erläutert!

Exkurs: Die Vorbereitung der (ersten) Sitzung

Gemäß dem Sprichwort „die Vorbereitung ist schon die halbe Miete" sollten Sie sich unbedingt gründlich auf die erste Projektsitzung (die nach dem soeben dargestellen Moderationszyklus strukturiert wird) vorbereiten. Was man im Vorfeld versäumt, kann man in aller Regel im Meeting nicht mehr nachholen. Es entstehen häufig Schwierigkeiten, die bei entsprechender Vorarbeit nicht entstanden wären.

Checken Sie im Vorfeld unbedingt folgende Punkte ab:

Inhalt

✓ Ist der Projektplanungsauftrag vollständig?
... das Ziel eindeutig formuliert?
... der Zeitrahmen definiert?
... die Projektorganisation festgelegt?
... der Kostenrahmen geklärt?
... klar, wer zum Projektteam gehören soll?
✓ Sind Ziel und Ablauf der Kick-off-Veranstaltung klar formuliert?

Raum

Bezüglich des Raumes muss der Projekt-Moderator folgende Punkte checken:

✓ Ist ein Raum ausreichender Größe vorhanden?
✓ Ist der Raum verfügbar?
✓ Ist der Raum für alle gut erreichbar?
✓ Sind die „klassischen" Medien wie Pinnwand, Flipchart vorhanden?
✓ Ist die Sitzordnung im offenen Stuhlkreis möglich?

Teilnehmer

✓ Stehen alle Teammitglieder fest?
✓ Haben alle eine Einladung erhalten?

Leiter/Moderator

✓ Habe ich alle Formulare, Raster, Plakate vorbereitet?
✓ Ist mein „Moderationskoffer" vollständig?
✓ Kennen sich die Teilnehmer schon oder muss ich etwas für's Kennlernen vorbereiten?
✓ Ist für das „leibliche Wohl" gesorgt?

Übrigens: Zur Beantwortung dieser Fragen helfen Ihnen die im Folgenden dargestellten Techniken ... Sie müssen nicht schon an dieser Stelle der Lektüre alle Fragen beantworten können!

2.1 Das Kick-off-Meeting (zur Proj.planung)
Phase 1 „Einsteigen"

In der ersten Phase, der des „Einsteigens", geht es darum, dass die Teammitglieder sowohl sachlich als auch persönlich/sozial Orientierung bekommen. Hierzu sind Fragen, die im Vorfeld mit dem Einzelnen bereits – mehr oder weniger ausführlich – besprochen werden konnten, abschließend zu klären, wie:

- Wie kam es zu diesem Projekt?
- Wie sind die Rahmenbedingungen?
- Was ist das Projektziel?
- Wer ist der Auftraggeber?
- Wer ist Projektleiter?
- Wer ist Projektmitglied?

Die Abbildungen auf Seite 39 zeigen mögliche Flipcharts, wie sie zum Einstieg benutzt werden können. In dieser Phase geht es auch darum, dass sich die Teammitglieder auf der sozialen Ebene näher kommen, sich also gegenseitig (noch besser) kennen lernen und jeder von jedem weiß, „mit wem er es zu tun hat", was der Einzelne von der Zusammenarbeit erwartet und was er einzubringen bereit ist. Hinweise dazu geben die Seiten 40 bis 45.

Das **Ziel der Phase „Einsteigen" ist es** letzlich, **dass das Projektteam voll arbeitsfähig ist**.

Jeder muss (spätestens) jetzt das Projektziel akzeptieren und seine aktive Mitarbeit zusagen. Will jemand (nun doch) nicht „mit ins Boot", ist zu klären, ob es einen Weg zueinander gibt oder ob diese Person das Team jetzt besser verlässt. Im Zweifel gilt: Lieber ein Ende mit Schrecken als ein Schrecken ohne Ende!

Der erste inhaltliche Schritt ist das Klären des organi-
satorischen Rahmens der Veranstaltung. Hierzu gehö-
ren: die Präsentation des geplanten Ablaufs sowie die Vorstellung der Ziele der Veranstaltung und des zeitlichen Rahmens.

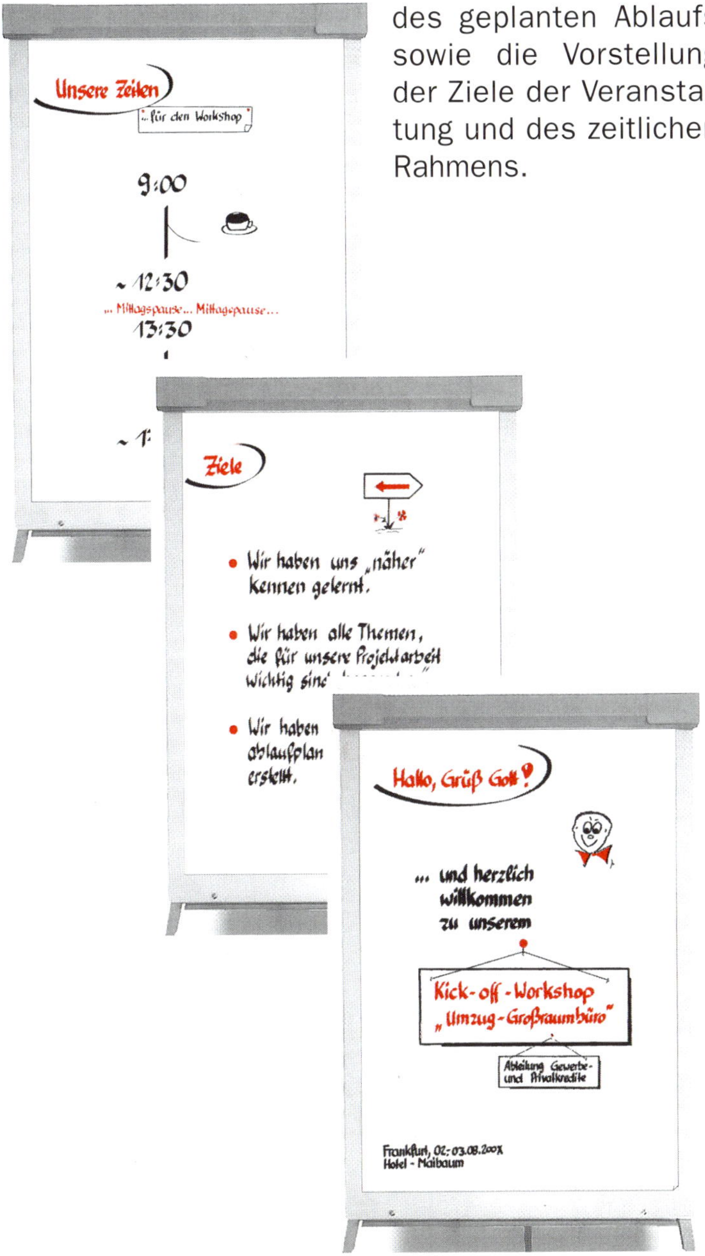

Abb. 5 – Flipcharts für den Einstieg

39

**Exkurs: Kommunikationstheorie oder
die Sache mit den zwei Ebenen**

Immer, wenn Menschen sich einander mitteilen, geschieht dies gleichzeitig auf zwei Ebenen. Einerseits auf der **Sachebene** und andererseits auf der sozialen Ebene, der Gefühls- oder **Beziehungsebene**.

Man könnte sagen, dass das, was man in einem Dialog mitschreiben könnte, das ist, was „zur **Sache**" (ES) gesagt wird. Was man „zwischen den Zeilen" mitkriegt, was durch Mimik, Gestik, Tonfall etc. transportiert wird und „mitschwingt", ohne explizit ausgesprochen zu werden, ist das, was die **Beziehung** der Sprechenden zueinander beschreibt: die Beziehung zwischen ICH und DU.

Symbolisch dargestellt ergibt das einen „Kommunikations-Eisberg":

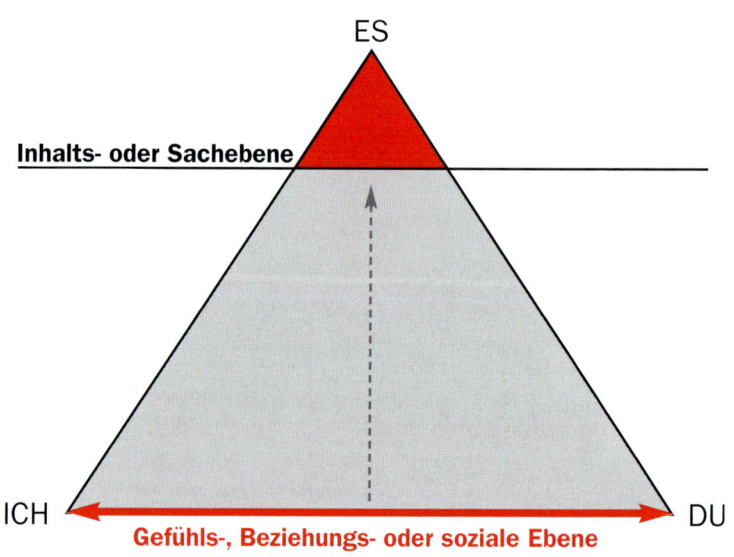

Abb. 6 – Der "Kommunikations-Eisberg"

Einen „Eisberg" deshalb, weil im Alltag der größte Teil der Botschaft unter der Oberfläche verborgen bleibt. Die Beziehungsbotschaft läuft „unter der Hand" mit; sie wird nicht explizit besprochen. Wenn der Moderator die Teilnehmer etwa mit den Worten: „Ich freue mich, dass Sie alle kommen konnten!" begrüßt, so sagt er damit ...

- **auf der Sachebene** (ES)

  „Es ist gut, dass alle da sind!"

- **auf der Beziehungsebene** (ICH & DU)

  „Ich bin hier der Leiter!" vielleich auch: „Gott, bin ich froh, dass Ihr heute alle kommen konntet!"

Das Beispiel zeigt, dass die Sach-Botschaft erst durch die zugehörige Botschaft auf der Beziehungsebene gedeutet werden kann. Diese wiederum kann man nur aus der Art und Weise erschließen, wie etwas gesagt wird: wann, wo, vor wem und zu wem. Erst alles zusammen lässt eine relativ sichere Entschlüsselung des Gesagten zu. Erst dann „weiß" man , was mit dem Gesagten gemeint war.

Ein Beispiel zur Verdeutlichung: Stellen Sie sich vor, Sie kleiden sich freizeitmäßig leger, gehen in ein Autohaus der Oberklasse und fragen mit den Worten: „Na Meister, haben Sie denn so eine Schüssel zum Ausprobieren fertig?" nach einer Probefahrt mit einem hochpreisigen Automobil. Der Verkaufsberater wird mit Ihnen nicht darüber sprechen, wie er sich von Ihnen behandelt fühlt oder wie er Sie erlebt. Er wird auch nichts dazu sagen, ob er Ihnen die finanziellen Möglichkeiten zutraut, sich dieses Fahrzeug zu kau-

fen. Aber: Er wird es Sie „spüren lassen"! Er wird mit Ihnen (an der Oberfläche) nur über die Sache „Luxusauto XYA" reden und gleichzeitig, ohne dass er es verhindern kann(!), darüber Auskunft geben, wie es ihm gefühlsmäßig mit Ihnen geht …

Ein anderes Beispiel: Stellen Sie sich vor, Sie begrüßen Ihr (aus Frauen und Männern bestehendes) Projektteam mit den Worten: „So Mädels, jetzt wollen wir doch mal sehen, ob ich euch nicht dazu kriege, mal vernünftig zu arbeiten!"

Was passiert jetzt? Wie ist die Stimmung? Wie ist die Bereitschaft mitzuarbeiten? Welche Beziehung haben Sie zur Gruppe aufgebaut? Nun, das kommt ganz drauf an: Entweder Sie hatten eh vor zu kündigen …

… oder es gibt ein Gelächter und fröhliche Gesichter. Das hängt ganz davon ab, wie gut sie einander schon kennen und was die bereits bestehende Beziehung zulässt. Wenn der Umgangston in Ihrer Organisation eher locker ist und wenn Sie wissen, dass nur Spitzenleute vor Ihnen sitzen und diese wissen, dass Sie das wissen … dann wird es wohl Schmunzeln geben und eine gute, lockere Stimmung entstehen. Die Beziehung wird gestärkt sein.
Auf der sicheren Seite sind Sie natürlich eher, wenn Sie „flotte Sprüche", wie hier zur Verdeutlichung verwendet, erst gar nicht machen. Wichtig ist jedoch Folgendes zu berücksichtigen:

> **Die soziale Ebene, die Gefühls- oder Beziehungsebene bestimmt, was auf der Sachebene möglich ist!**

Und was hat das Ganze mit Projekt-Moderation zu tun?

Nun, für den Projekt-Moderator sind diese kommunikationstheoretischen Zusammenhänge wichtig, weil er auf erfolgreiche Kommunikation angewiesen ist. Er muss darauf achten, eine gute Beziehung zu den einzelnen Projektmitgliedern aufzubauen und zu erhalten. Andernfalls könnte es ihm so ergehen wie dem lockeren jungen Mann im Autohaus.

Um gute Beziehungen zu pflegen, muss man nicht jedermanns „bester Freund" werden, aber man muss sich um einen positiven Umgang miteinander bemühen.

Sie sollten als Projekt-Moderator daher unbedingt folgende – an die Eisberg-Metapher angelehnten – Grundsätze und Tipps für erfolgreiche Kommunikation beherzigen:

A) Für die Sachebene
Auf der Sachebene kommt es auf Verständlichkeit an! Verständlichkeit in der Sache entsteht durch:

- **Einfache Sprache**: einfache Worte, einfacher Satzbau, möglichst wenig Fremdworte, kein „Fachchinesisch"!

- **Geordnete Vortragsweise**: nicht „wie Kraut und Rüben", wie es einem gerade einfällt, sondern überlegt, „step by step". Mit Überschriften und Unterpunkten arbeiten!

- **Kürze und Prägnanz**: nicht immer „bei Adam und Eva" anfangen, sondern zur Sache sprechen und „auf den Punkt kommen"!

- **Zusätzliche Stimulanz**: die Stimme gezielt einsetzen; mal lauter, mal leiser sprechen; mal einen Joke machen, Beispiele bringen!

- **Visualiserung**: Ein Bild sagt mehr als tausend Worte! Eine Skizze, ein Foto, ein Modell zeigen!

B) Für die Beziehungsebene

Auf der sozialen Ebene kommt es auf Wertschätzung an! Diese entsteht durch wohlwollend-konstruktives Kommunikationsverhalten, wie:

- **Anerkennen anderer Sichtweisen**: Das bedeutet nicht, in jedem Fall zuzustimmen, aber zuzuhören und sich ehrlich zu bemühen, die Sicht des anderen zu verstehen!

- **Nicht gegen die Meinung anderer reden**, sondern für die eigene Meinung, die eigenen Interessen. Auch mal sagen: „Das verstehe ich, dass Sie das so sehen. Mir ist wichtig, dass ..." Und das ohne ein ABER dazwischen zu setzen!

- **Den anderen annehmen**: dem Gesprächspartner das Gefühl geben, dass er sich sicher sein kann, dass er als Mensch angenommen und nicht mit Geringschätzung konfrontiert wird. Nicht über Ansichten, Wünsche, Bedenken „schmunzeln" oder hinweggehen.

- **Bei Fragen dazusagen, warum man fragt,** und so dem Gesprächspartner Orientierung darüber geben, was die Intension der Frage ist. Die Frage „Worauf wollen Sie eigentlich hinaus ?" darf nicht entstehen!

● **Bei Kritik grundsätzlich nicht mit anderen über jemanden reden**, sondern mit dem Betroffenen direkt und offen sprechen!
Dabei ist es wichtig, darauf zu achten, dass Sie auf Pauschalisierungen und Schuldzuweisungen verzichten. Statt „Sie machen mir Schwierigkeiten, wenn Sie ...!" formulieren Sie besser: „Ich komme aus dem Konzept, wenn Sie ..., weil ... !"

● **Sich leiten lassen von dem Grundsatz: Probleme lösen – nicht Schuldige suchen!**

Wenn die Beziehungsebene stimmt, werden die Teammitglieder auch gerne mitarbeiten

Mehr zum Thema „Moderation und Kommunikation" finden Sie übrigens im gleichnamigen Buch! Siehe Literaturverzeichnis, Seite 111

Zur Gestaltung des Projektstarts auf der Beziehungsebene

In dieser Phase geht es – wie gesagt – auch darum, dass sich die Teammitglieder gegenseitig (noch besser) kennen lernen, um auch emotional eine optimale Basis für die Zusammenarbeit zu schaffen.

Hierzu eignet sich eine Frage wie: „Was müssen/wollen wir voneinander wissen?" oder schlicht eine „Vorstellungsmatrix" mit der Überschrift „Wir über uns".

Dazu bereitet der Moderator eine Pinnwand mit z.B. vier Spalten vor, die er mit passenden Fragen überschreibt. Je nachdem, wie gut sich die Gruppenmitglieder schon kennen, wählt er geeignete Fragen aus. Wichtig ist dabei, dass es neben Sachfragen zur Person auch „persönliche" Fragen gibt. Fragen, die man sonst – würden sie nicht explizit gestellt – in diesem Rahmen nicht ohne weiteres stellen würde. Sie haben die Funktion, (etwas mehr an) Nähe herzustellen und die Beziehungsebene zu festigen, sich „näher zu kommen".

Dazu bittet der Moderator jeden Teilnehmer zunächst, eine Zeile auszufüllen. Haben sich alle Teilnehmer eingetragen, sollten sie ihre Einträge den anderen kurz erläutern. Die Gruppe hat dann die Möglichkeit, bei Interesse an dem einen oder anderen Aspekt nachzufragen.

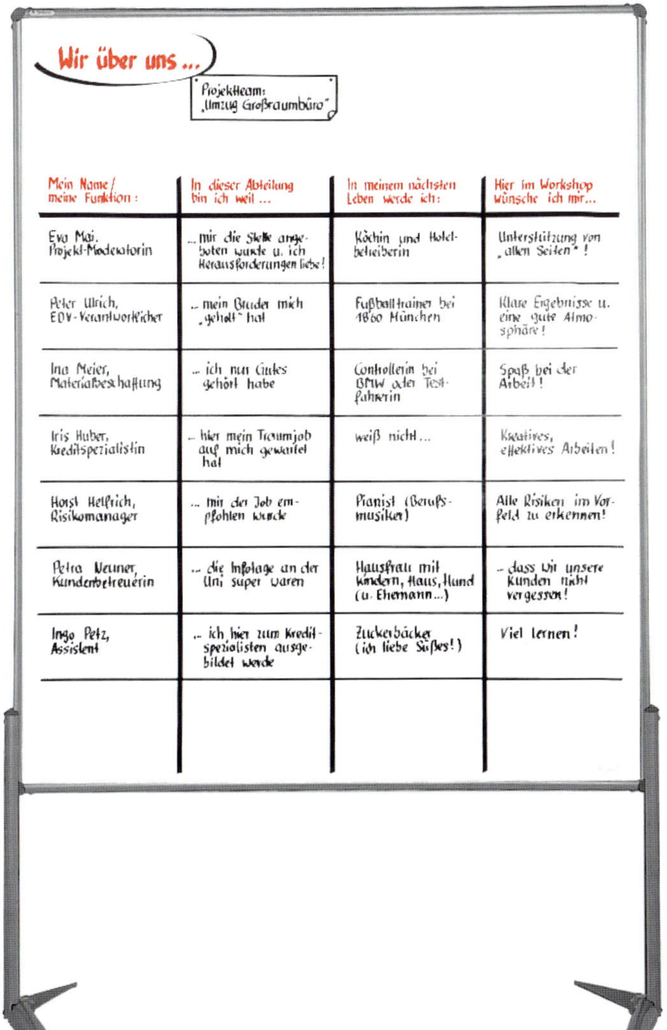

Wir über uns ...

Projektteam:
„Umzug Großraumbüro"

Mein Name / meine Funktion:	In dieser Abteilung bin ich weil ...	In meinem nächsten Leben werde ich:	Hier im Workshop wünsche ich mir...
Eva Mai, Projekt-Moderatorin	... mir die Stelle angeboten wurde u. ich Herausforderungen liebe!	Köchin und Hotelbetreiberin	Unterstützung von „allen Seiten"!
Peter Ulrich, EDV-Verantwortlicher	... mein Bruder mich „geholt" hat	Fußballtrainer bei 1860 München	Klare Ergebnisse u. eine gute Atmosphäre!
Ina Meier, Materialbeschaffung	... ich nun Gutes gehört habe	Controllerin bei BMW oder Testfahrerin	Spaß bei der Arbeit!
Iris Huber, Kreditspezialistin	... hier mein Traumjob auf mich gewartet hat	weiß nicht ...	Kreatives, effektives Arbeiten!
Horst Helfrich, Risikomanager	... mir der Job empfohlen wurde	Pianist (Berufsmusiker)	Alle Risiken im Vorfeld zu erkennen!
Petra Meuner, Kundenbetreuerin	... die Infolage an der Uni super waren	Hausfrau mit Kindern, Haus, Hund (u. Ehemann...)	... dass wir unsere Kunden nicht vergessen!
Ingo Petz, Assistent	... ich hier zum Kreditspezialisten ausgebildet werde	Zuckerbäcker (ich liebe Süßes!)	Viel lernen!

Abb. 7 – Vorstellungsmatrix

Zur Gestaltung des Projektstarts auf der sachlichen Ebene

Zunächst geht es darum, den Einzelnen dort abzuholen, wo er steht, und die Gruppe zum Thema hinzuführen. Dazu eignet sich besonders gut das „klassische" Instrument der MODERATIOnsMETHODE, das Einstiegs-„Blitzlicht".*

Jeder Teilnehmer erhält dabei die Möglichkeit, sich dem Thema zu nähern, sich dazu zu äußern, ohne schon ins Detail gehen zu müssen.

Dazu formuliert der Moderator auf dem Flipchart eine Frage, die zum Thema hinführt, wie etwa: „Wissen Sie schon, worum es hier geht?" Alternativ leitet er diesen Schritt mit einem Satzanfang ein wie „Ich bin über das Projekt informiert ..." (vgl. Seite 47).

Er bittet dann die Teilnehmer, die gestellte Frage durch kleben eines Punktes am Flip zu beantworten. Hat jeder seinen Punkt geklebt, bittet er jeden Teilnehmer kurz zu erläutern, aus welchem Grund er gerade so geklebt hat und was sich dahinter verbirgt.

Der Moderator visualisiert die Nennungen am Flipchart zu Dokumentationszwecken mit.

Haben sich alle geäußert, ist die Gruppe gedanklich im Thema und die inhaltliche Arbeit kann beginnen.

An dieser Stelle erläutert der Moderator nochmals kurz, wie es zu diesem Projekt kam, wer der Auftraggeber ist und was erreicht werden soll. So haben alle Teilnehmer für den Projektstart den gleichen Informationsstand.

---

* Siehe auch: Josef W. Seifert: Visualisieren - Präsentieren - Moderieren. 21. Auflage. Offenbach: GABAL Verlag, 2004

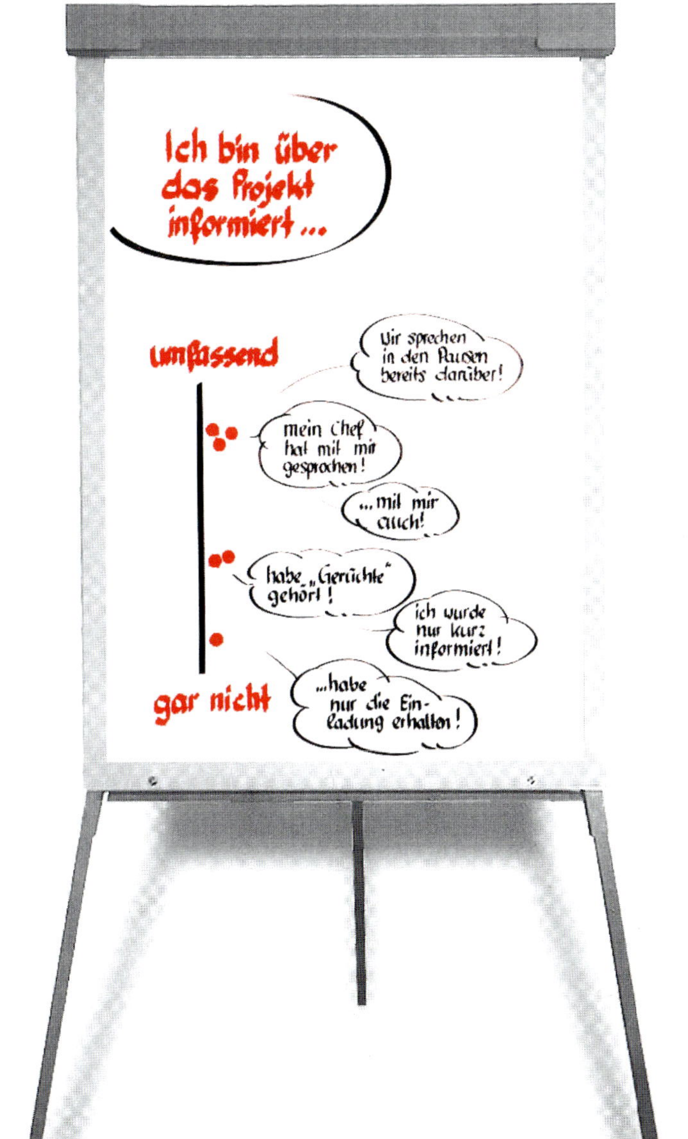

Tipp: Die Erläuterungen dienen nicht der Diskussion. Es geht ausschließlich darum, den Informationsstand der Teilnehmer zu dokumentieren, nicht mehr!

Abb. 8 – Das Einstiegs-„Blitzlicht"

Das Kick-off-Meeting
Phase 2 „Sammeln"

Sind die Grundsatzfragen geklärt, so geht es im nächsten Schritt darum, die Themen zusammenzutragen, die aus Sicht des Projektteams bearbeitet werden müssen, um das Projektziel zu erreichen. Der Moderator sollte die Mussthemen (vgl. Seite 51) vorab bereits anschreiben und vorstellen, um diese dann um weitere aus Sicht der Gruppenmitglieder wichtige Themen/Aspekte zu ergänzen.

Zur Differenzierung der Mussthemen und der Ergänzungen können Sie die Mussthemen mit roten Punkten kennzeichnen und die Ergänzungen mit andersfarbigen Punkten davon abheben.

Fordern Sie die Gruppe auf, alle Themen zu nennen, die ihr zur Frage „Welche Themen müssen wir im Workshop angehen?" in den Sinn kommen. Diese werden dann zu den Mussthemen hinzugeschrieben.

Jeder darf so viele Aspekte nennen, wie er möchte, da es jetzt ja darum geht, alles zusammenzutragen, was aus Sicht der Teilnehmer zur Bewältigung der Aufgabe in den Blick geraten muss.

Besonders wichtig ist in dieser Phase, dass alles notiert wird, was wichtig sein könnte, was betrachtet und bedacht werden sollte, wie etwa „Regelung der Freistellung für das Projekt" ... Am Ende dieses Arbeitsschrittes muss feststehen, welche Themen es im Einzelnen sind, die zur Bearbeitung anstehen.

Welche Themen müssen wir in diesem Workshop angehen?

Thema

- Regeln der Zusammenarbeit
- Informationsmanagement
- Projektplanungsauftrag
- Projektstrukturplan
- Projektablaufplan
- Risikoanalyse
- Abwesenheitsregelung
- Überstunden
- Freistellung für das Projekt

Tipp: Achten Sie darauf, dass Sie nur Gesprächsbedarf sammeln, nicht aber schon Themen inhaltlich diskutieren!

Abb. 9 – Themensammlung auf Abfrage oder Zuruf

Das Kick-off-Meeting
Phase 3 „Auswählen"

Im nächsten Schritt ist zu entscheiden, in welcher Reihenfolge die gesammelten Themen abgearbeitet werden sollen.

Wichtig ist es dabei, nicht den zweiten vor dem ersten Schritt zu tun, sondern der „Projektlogik" folgend vorzugehen, die eine Bearbeitungsreihenfolge „diktiert". Mit anderen Worten: erst der Teig, dann die Glasur.

Ziel ist es, durch die gemeinsame Festlegung der Bearbeitungsreihenfolge die Akzeptanz aller Teammitglieder für dieses Vorgehen zu erhalten; es müssen alle „im Boot" sein!

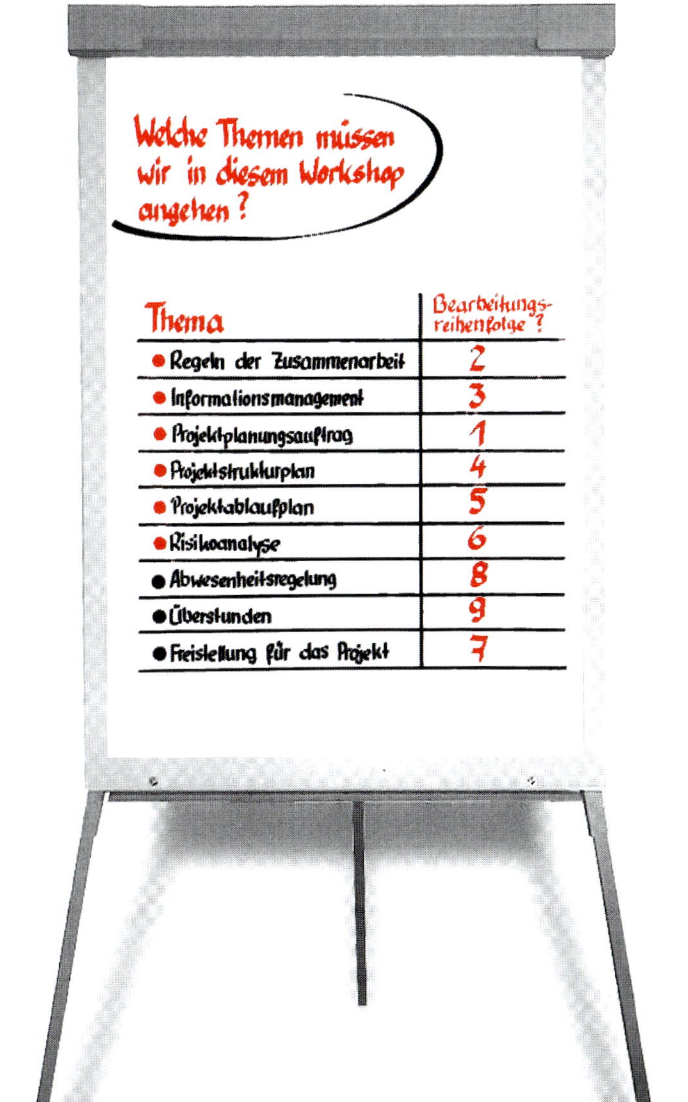

Welche Themen müssen wir in diesem Workshop angehen?

Thema	Bearbeitungs- reihenfolge?
● Regeln der Zusammenarbeit	2
● Informationsmanagement	3
● Projektplanungsauftrag	1
● Projektstrukturplan	4
● Projektablaufplan	5
● Risikoanalyse	6
● Abwesenheitsregelung	8
● Überstunden	9
● Freistellung für das Projekt	7

Tipp: Gibt es Grundsatzthemen, die das Projekt im Extremfalle in Frage stellen, wie etwa Zweifel an der Freistellung für die Projektarbeit, so sind diese vorrangig zu bearbeiten!

Abb. 10 – Bearbeitungsreihenfolge festlegen

Das Kick-off-Meeting

Phase 4 „Bearbeiten"

Nun geht es darum, die gesammelten Themen entsprechend der in Schritt 3 vereinbarten Bearbeitungsreihenfolge abzuarbeiten. In aller Regel werden dies die bereits genannten Themen in „projektlogischer" Reihenfolge sein:

- **Projektplanungsauftrag**

  Der Projektplanungsauftrag ist der Auftrag an Sie durchzuspielen, wie man das Vorhaben ABC realisieren könnte, um dann entscheiden zu können, ob – bzw. wie – es gemacht wird.

- **Regeln der Zusammenarbeit**

  Sinn und Zweck dieses Punktes ist es, mit dem Team einige „eiserne Regeln" zu erarbeiten, die den Teammitgliedern und Ihnen für die Zusammenarbeit wichtig sind!

- **Infomanagement**

  An dieser Stelle muss geklärt werden, wer, wen, wann, wie, worüber … unterrichten wird. Hier geht es um ein Mini-„Berichtswesen".

- **Projektstrukturplan**

  Der Projektstrukturplan ist die strukturierte Übersicht darüber, was aus Sicht der Projektgruppe alles zu erledigen ist, um das Projektziel zu erreichen.

● Projektablaufplan

Der Projektablaufplan ist eine Übersicht,
die zeigt, wie die Aufgaben zeitlich
aufeinander aufbauen. Er wird die inhaltliche
Basis der Zusammenarbeit sein.

● Risikoanalyse

Bei der Risikoanalyse sammelt die Gruppe die
denkbaren Risiken und bewertet diese nach
der Wahrscheinlichkeit ihres Eintretens und nach
ihrem Gefährdungspotenzial für das Projekt im
Falle des Eintretens.

Spätestens in dieser vierten Phase des Kick-off-Meetings
muss in der Gruppe das Gefühl entstanden sein, dass
sie der „Träger" des Projektes ist. Jeder Einzelne muss
die Verantwortung für das Gelingen (mit)tragen. Dazu
muss der Moderator ein aktives Tun der Gruppenmitglieder fördern und fordern!

Spätestens in dieser Phase
muss in der Gruppe
das Gefühl entstehen,
dass sie der „Träger"
des Projektes ist

Projektplanungsauftrag

Zu allererst sollten Sie jetzt den Projektplanungsauftrag vorstellen und mit den Projektmitgliedern abstimmen. Dazu haben Sie das Formular (vgl. Seite 31) in eine gruppengerechte Form gebracht und es auf ein Plakat übertragen. Obwohl Sie den Projektplanungsauftrag sorgfältig vorbereitet und mit dem Auftraggeber abgestimmt haben, muss er an dieser Stelle mit der Gruppe besprochen und von dieser „abgesegnet" werden.

Einerseits könnte es sein, dass Sie inhaltlich etwas übersehen oder vergessen haben, und andererseits ist es wichtig, Akzeptanz bei allen! Beteiligten zu erreichen. Die Projektmitarbeiter müssen „Ihr Baby jetzt adoptieren", so dass es von nun an auch das ihre ist.

Dazu sollten Sie Fragen stellen, wie:

- „Ist das Projektziel ...
  ... erreichbar?"
  ... vollständig formuliert?"
  ... widerspruchsfrei?"
  ... eindeutig und nicht interpretierbar?"
  ... überprüfbar?" (Woran erkennen wir, dass es erreicht ist?)
  ... lösungsneutral?" (Ist kein Lösungsweg vorgegeben?)
  ... abgegrenzt gegenüber „Nichtzielen" (Was soll nicht passieren?) ... und anderen Projekten?"

- „Ist das so für Sie o.k. ...
  ... vom Inhalt her?"
  ... vom Zeitrahmen her?"

- „Muss sonst noch etwas geklärt werden?"

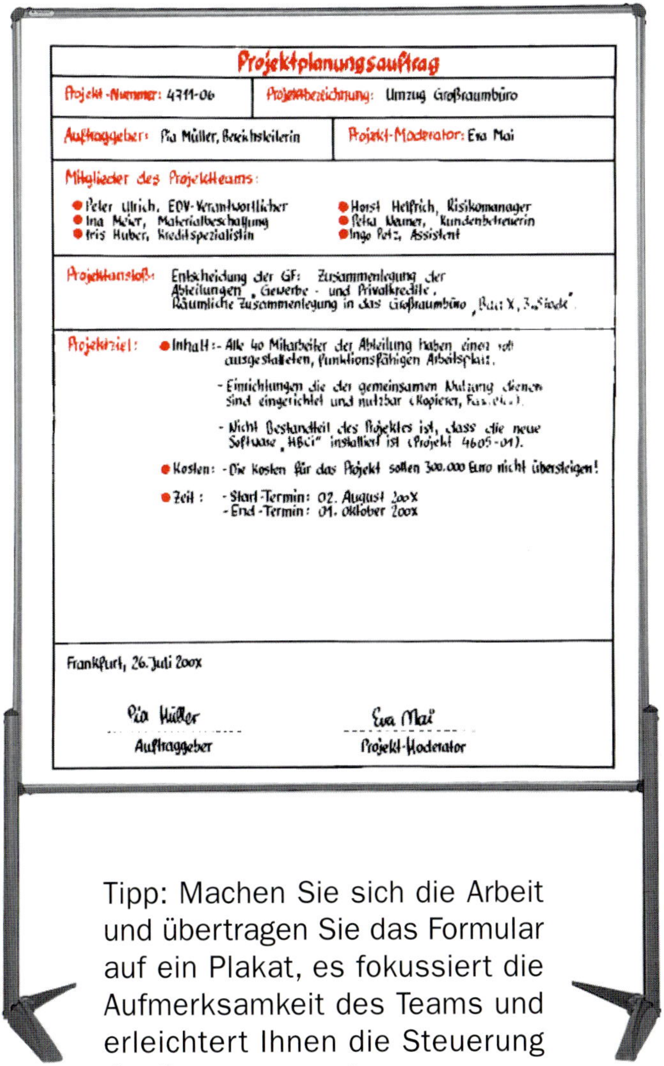

Projektplanungsauftrag

Projekt-Nummer: 4711-06	Projektbezeichnung: Umzug Großraumbüro
Auftraggeber: Pia Müller, Bereichsleiterin	Projekt-Moderator: Eva Mai

Mitglieder des Projektteams:
- Peter Ulrich, EDV-Verantwortlicher
- Ina Meier, Materialbeschaffung
- Iris Huber, Kreditspezialistin
- Horst Helfrich, Risikomanager
- Petra Kramer, Kundenbetreuerin
- Ingo Petz, Assistent

Projektanstoß: Entscheidung der GF: Zusammenlegung der Abteilungen „Gewerbe- und Privatkredite". Räumliche Zusammenlegung in das Großraumbüro „Bau X, 3. Stock".

Projektziel:
- Inhalt: - Alle 40 Mitarbeiter der Abteilung haben einen voll ausgestatteten, funktionsfähigen Arbeitsplatz.
  - Einrichtungen die der gemeinsamen Nutzung dienen sind eingerichtet und nutzbar (Kopierer, Fax, etc.).
  - Nicht Bestandteil des Projektes ist, dass die neue Software „HBci" installiert ist (Projekt 4605-01).
- Kosten: - Die Kosten für das Projekt sollen 300.000 Euro nicht übersteigen!
- Zeit: - Start-Termin: 02. August 200X
  - End-Termin: 01. Oktober 200X

Frankfurt, 26. Juli 200x

Pia Müller
Auftraggeber

Eva Mai
Projekt-Moderator

Tipp: Machen Sie sich die Arbeit und übertragen Sie das Formular auf ein Plakat, es fokussiert die Aufmerksamkeit des Teams und erleichtert Ihnen die Steuerung der Gruppe enorm!

Abb. 11 – Projektplanungsauftrag

Regeln der Zusammenarbeit

Häufig ist die Zusammenarbeit in Organisationen nur pauschal geregelt (und regelbar), und neben den offiziellen Vorschriften gibt es eine Reihe von „ungeschriebenen (und unausgesprochenen) Gesetzen", die das Zusammenwirken determinieren. Dieser „informelle Bereich" differiert aber schon von Arbeitsteam zu Arbeitsteam, was in Abteilung A möglich ist, ist in Abteilung B undenkbar ...

Für das Miteinander in einem Projektteam – in dem meist Mitarbeiter aus unterschiedlichen Abteilungen/Teams zusammenarbeiten – bedeutet dies, dass unterschiedliche Vorstellungen und Erwartungen aufeinander treffen. Diese gilt es zu Beginn „abzugleichen", um Missverständnisse und Frustrationen von vorneherein so weit wie möglich zu vermeiden.

Dazu sollten Sie als Moderator mit der Gruppe spezielle „Regeln für unsere Zusammenarbeit" vereinbaren. Bitten Sie die Teammitglieder, sich kurz (etwa 20 Minuten) zu zweit oder dritt darüber Gedanken zu machen, was ihnen für die Zusammenarbeit wichtig ist, und ihre Vorschläge auf einem Flipchartblatt zu notieren.

Tipp: Achten Sie darauf, dass die Kleingruppen nur die für sie essenziellen Regeln formulieren, es sollten nicht mehr als z. B. fünf sein. Diese werden dann kurz im Plenum vorgestellt und zu einem gemeinsamen „Regel-Flipchart" zusammengeführt.

Wichtig: Im Unterschied zu vorgegebenen Regeln werden Regeln, die die Gruppe für sich erarbeitet hat, sehr viel eher von der Gruppe akzeptiert und gelebt!

Regeln für unsere Zusammenarbeit

- Wir starten pünktlich !

- Ist es nicht möglich gegebene Terminzusagen einzuhalten, informieren wir Betroffene unverzüglich !

Tipp: Achten Sie darauf, dass die Regeln so konkret wie irgend möglich formuliert sind!

Abb. 12 – Regeln für die Zusammenarbeit

Informationsmanagement

Transparenz ist das „A und O" der Projektarbeit, Information das „Gleitmittel" für einen erfolgreichen Arbeitsprozess. Im Idealfalle weiß jedes Projektmitglied zu jeder Zeit über alles Bescheid und kennt den „Stand der Dinge". Darüber hinaus haben alle vom Projekt Betroffenen zu jeder Zeit alle für sie relevanten Infos verfügbar.

Da dies nicht ohne weiteres abbildbar ist, geht es darum, ein möglichst effektives Informationsmanagement aufzubauen. Wer, wen, wann, worüber und in welcher Form informiert, ist im Team zu vereinbaren. Achten Sie darauf, dass es hier klare Absprachen gibt, und: Halten Sie diese möglichst einfach!

Im Grunde reichen folgende Absprachen:

- Informationen werden zeitnah und möglichst direkt (kurzes Treffen, Telefon oder Mail) ausgetauscht.

- Wir treffen uns alle einmal die Woche für einen Infoaustausch, so dass jeder auf dem Laufenden bleibt.

- Alle Informationen an den Auftraggeber laufen über den Projekt-Moderator.

- Alle dokumentationswürdigen/-bedürftigen Infos werden vom Projekt-Moderator oder den Teammitgliedern in der Projektakte (vgl. Seite 30) abgelegt.

- Information ist (im Zweifel) Bringschuld!

Schlagen Sie als Projektverantwortlicher diese Regeln vor! Visualisieren Sie diese dazu vorab, oder „erarbeiten" Sie sie während des Kick-off-Meetings prozessbegleitend mit den Projektmitgliedern.

Um diese Informationsprozesse möglichst effektiv zu organisieren, sollten Sie zunächst auf ausreichenden Face-to-Face-Kontakt achten. Besonders wichtig ist dies in der Anfangsphase, da es zu Beginn immer auch darum geht, den Zusammenhalt der Gruppe zu fördern. Deshalb gilt für Projektmeetings ganz grundsätzlich: Lieber kurz als gar nicht! Das geplante „Regeltreffen" sollte immer (!) stattfinden, denn häufiger persönlicher Kontakt – auch, wenn er nur kurz ist – fördert das Zusammengehörigkeitsgefühl immens!

Der Projekt-Moderator
sollte alle Informationen
zu Dokumentationszwecken
sorgfältig ablegen

Projektstrukturplan

Der Projektstrukturplan ist eine Aufgabenübersicht, die die Basis der gesamten Projektplanung darstellt.

Was?

Die anstehende komplexe Aufgabe teilt sich natürlicherweise in viele Einzelaktivitäten, die es nun zu benennen und zu strukturieren gilt. Hierzu bietet sich als Instrument die „klassische Kartenabfrage" an, mittels derer der Projektstrukturplan generiert wird. Er bildet alle zum Erreichen des Projektzieles erforderlichen Teilaufgaben ab, die als „Arbeitspakete" (AP) bezeichnet werden. Wie man APs definiert und dokumentiert, stellen wir auf Seite 64 dar. Im Folgenden zunächst mehr zum Projektstrukturplan (PSP).

Wozu?

Der PSP dient dazu, alle zu erledigenden Aufgaben zu dokumentieren und die Zuordnung zu Arbeitspaketen „auf einen Blick" erfassbar zu machen.

Wie?

Jeder Teilnehmer notiert die aus seiner Sicht zu erledigenden Aufgaben auf Moderationskarten. Der Moderator ordnet gemeinsam mit der Gruppe alle Karten zu „Aufgabenfamilien".* Jedem Arbeitspaket wird anschließend ein Arbeitspaketverantwortlicher zugeordnet, der für die Planung und Abwicklung des Paketes zuständig ist. Alle Arbeitspaketverantwortlichen berichten direkt an den Projekt-Moderator. Festzulegen ist dies im Schritt „Informationsmanagement" (vgl. Seite 60ff).

---

* Eine ausführliche Darstellung der Kartenabfrage und weiterer Moderationstechniken finden Sie in: Visualisieren - Präsentieren - Moderieren (vgl. Literaturverzeichnis, Seite 111).

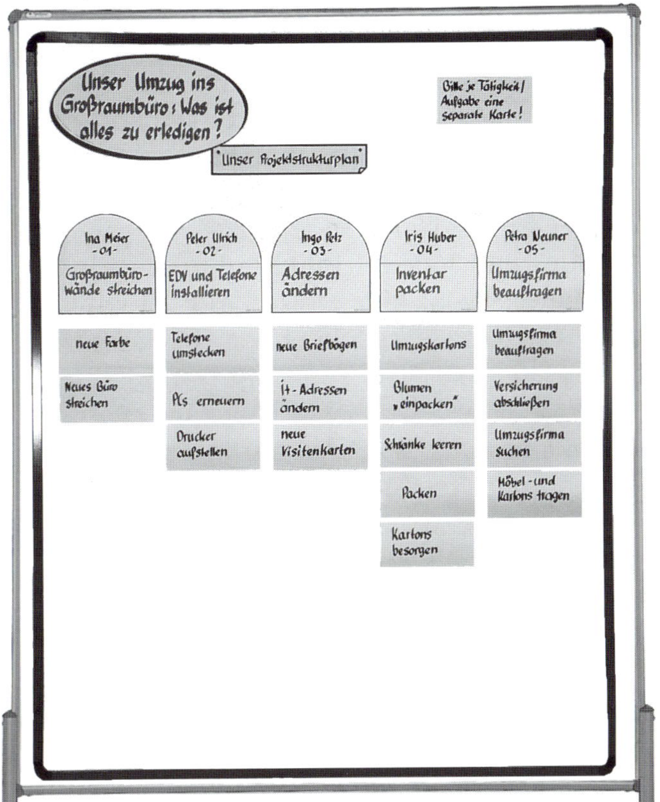

Tipp: Schneiden Sie den Elefanten in „verdaubare" Scheiben. Anders ausgedrückt: Wählen Sie die Arbeitspakete nicht zu groß und nicht zu komplex. Lieber zwei kleine als ein großes Paket!

Abb. 13 – Projektstrukturplan

Arbeitspaket
Arbeitspaketbeschreibung

Die im Schritt „Projektstrukturplan" benannten Arbeitspakete sind nun näher zu definieren.

Was?
Um Missverständnisse und „Doppelarbeit" zu vermeiden, wurden ja bereits im „Projektstrukturplan" Verantwortliche für Teilaufgaben festgelegt.

Es gilt nun zunächst, die **Inhalte** der Aufgaben näher zu definieren. Dafür nutzen Sie am besten ein Formblatt zur Arbeitspaketbeschreibung.

Wozu?
Arbeitspakete sind die Basis der Projektplanung, auf der Kosten und Ressourcen geplant werden. Sie beschreiben genau, welche Tätigkeiten mit welcher Zielsetzung von wem bis wann zu erledigen sind.

Wie?
Als Projekt-Moderator stellen Sie das Formblatt „Arbeitspaketbeschreibung" der Gruppe vor und bitten jeden Arbeitspaketverantwortlichen ein Blatt (ggf. zusammen mit anderen) auszufüllen. Das Blatt enthält Angaben zu: AP-Nummer, AP-Bezeichnung, AP-Verantwortlicher, AP-Ziel (nach den Kriterien der Zielformulierung, vgl. Seite 56) sowie den Voraussetzungen, die für die Erledigung des Arbeitspaketes gegeben sein müssen.

Möglicherweise ist es zu diesem Zeitpunkt nicht möglich, (durchgängig) detaillierte Angaben zum Aufwand zu machen, dann verfahren Sie nach dem Motto: „besser gut geschätzt als schlecht gerechnet!" und ermitteln zu einem späteren Zeitpunkt die exakten Daten.

Arbeitspaketbeschreibung		
Projektnummer: 4711-06	Projektbezeichnung: Umzug Großraumbüro	Projektmoderator: Eva Mai
AP-Nr.: - 01 -	AP-Bezeichnung: Großraumbüro - Wände streichen	AP-Verantwortlicher: Ina Meier

Zielsetzung:

Die Wände des Großraumbüros sind am
03. September 200X frisch gestrichen.

Voraussetzungen für den Start des Arbeitspakets:

Die Abteilung „y" hat das Büro bis
zum 14. August 200X geräumt!

Bearbeiter:	Aufwand:	Personaleinsatz:	Bearbeitungsdauer:
Gesamt**aufwand**:		Bearbeitungsdauer:	

Kosten:

- Personalkosten:
- Materialkosten:
- Sonstige Kosten:

Gesamtkosten Arbeitspaket:

Frankfurt, den 03. August 200X	
.... Projekt-Moderator	.... Arbeitspaket-Verantwortlicher

Tipp: Nehmen Sie sich Zeit für die genaue Beschreibung des Arbeitspaketes. Je genauer die Beschreibung, umso größer die Wahrscheinlichkeit, dass das Paket wie geplant abgearbeitet wird!

Abb. 14 – Arbeitspaketbeschreibung - Zielsetzung

Arbeitspaket

Aufwandschätzung

Um den Aufwand abschätzen zu können, den die gestellte Aufgabe hinsichtlich Kosten und Dauer verursachen wird, stehen Ihnen als Projekt-Moderator diverse Verfahren zur Verfügung.

Aufgrund der unterschiedlichen Komplexität haben nicht alle diese Verfahren für die Bewältigung von „Alltagsprojekten" die gleiche Relevanz. Der damit verbundene Aufwand muss gerechtfertigt sein. Die Aufwandschätzung darf also (für „Alltagsprojekte" – und um diese geht es uns hier) selbst nicht zu aufwändig sein. Nichtsdestotrotz muss eine „solide" Aufwandschätzung erstellt werden!

Dazu im Folgenden ein kurzer Überblick über die gängigen Verfahren zur Aufwandschätzung sowie eine detaillierte Beschreibung:

- Kennzahlen

- mathematische Verfahren (Formeln)

- Vergleiche

- Expertenbefragung

Für kleinere Projekte werden Sie primär auf Kennzahlen, Vergleiche und Expertenbefragung zurückgreifen. Der Aufwand, der mit mathematischen Verfahren verbunden ist, ist für „Alltagsprojekte" in aller Regel weder gerechtfertigt noch erforderlich.

Verfahren zur Aufwandschätzung

• Kennzahlen

Kennzahlen sind dokumentierte Erfahrungswerte. Sie sind in organisationsspezifischen bzw. öffentlichen Sammlungen, wie etwa dem „Kennzahlenkompass" des Vereins deutscher Maschinen- und Anlagenbauer (VDMA), nachschlagbar. Kennzahlen entstehen sowohl aus der Dokumentation von Routinetätigkeiten als auch aus der „Erfahrungssicherung" bei Projektarbeit.

Auch für „Kleinstprojekte" gibt es entsprechende „Nachschlagewerke", so gibt etwa ein Koch- oder Backbuch „Kennzahlen" für Zutatenmengen (und damit Kosten), Zubereitungsdauer, Backzeiten etc. an die Hand.

Gibt es in Ihrer Organisation keine Kennzahlendokumentation, die für Ihre Zwecke brauchbar ist, sollten Sie Ihre Erfahrungen unbedingt ab sofort(!) – zumindest für sich selbst – dokumentieren, so dass Sie bei späteren Aufgaben/Projekten darauf zurückgreifen können.

● Formel

Formeln sind ein Mittel zur Aufwandschätzung im Rahmen von eher großen Projekten. Eine Fragestellung könnte etwa sein: „Wie lange werden die benötigten Maschinen-Schwertransporter von Garmisch-Partenkirchen bis Flensburg unterwegs sein und welche Kosten werden dafür entstehen?" Zur Ermittlung des Aufwandes wird man in diesem Fall ohne „Formeln" nicht auskommen.

● Vergleich

Haben Sie bereits ein vergleichbares Projekt durchgeführt oder wissen von der Realisierung eines ähnlichen Projektes, können Sie diese Erfahrungsdaten für die aktuelle Aufgabe nutzen. Hierbei geht es um Fragen wie: „Wie war das ‚damals'? Was ist heute gleich, was ist anders? Welche Informationen lassen sich für das zu planende Projekt nutzen?"

● Expertenbefragung

Eine Expertenbefragung ist immer dann erforderlich oder ratsam, wenn Ihnen die nötigen Kenntnisse nicht zur Verfügung stehen. „Jeder" kann Experte sein: Der Kollege nebenan, der sich mit dem betreffenden Thema seit Jahren beschäftigt, ein Experte aus der entsprechenden Fachabteilung im eigenen Haus bis hin zum externen „Themenguru".

Im Rahmen kleinerer Projekte wird Expertenbefragung in aller Regel in Form eines Einzelinterviews stattfinden. Dazu sollten Sie den/die Experten anhand vorbereiteter Fragen zu Rate ziehen, um möglichst nützliche Hinweise zu erhalten.

Jede Methode der Aufwandschätzung basiert letztlich auf Erfahrung. Die Brauchbarkeit aller Informationen ist daher in hohem Maße von der Sorgfalt bei deren Erfassung abhängig. Übernehmen Sie daher nicht „blind" Zahlen, Daten, Fakten, sondern prüfen Sie diese stets auf Plausibilität und Übertragbarkeit.

Eine Expertenbefragung ist immer dann ratsam, wenn die erforderlichen Kenntnisse nicht zur Verfügung stehen

Arbeitspaket

Aufwandschätzung: Dauer

Nur eine solide Schätzung der Dauer der einzelnen Aufgaben „garantiert", dass die spätere Projektrealisierung ablaufen kann „wie ein Uhrwerk".

Was?

Um eine reibungslose Arbeit an der Projektgesamtaufgabe zu ermöglichen, ist es wichtig, die Dauer der einzelnen Arbeitspakete möglichst exakt zu ermitteln. In diesem Planungsschritt geht es um die Ergänzung der Arbeitspaketbeschreibungen durch die geschätzte Zeit, die für die Erledigung des jeweiligen Arbeitspaketes erforderlich ist. Dazu muss die Dauer für jede einzelne Aufgabe ermittelt werden.

Wozu?

Die Schätzung der Dauer für die einzelnen Arbeitspakete ermöglicht in der Zusammenschau eine Aussage darüber, wie hoch der gesamte Zeitbedarf für das Projekt sein wird.

Wie?

Jeder Arbeitspaktverantwortliche bestimmt den Zeitbedarf für jede einzelne Aufgabe, die in seinem Arbeitspaket enthalten ist. Dazu geht er von einer hundertprozentigen Verfügbarkeit der Bearbeiter aus. Danach ermittelt er die voraussichtliche Dauer je Aufgabe. Ist ein Bearbeiter nicht hundertprozentig, sondern nur stundenweise verfügbar, so ergibt sich daraus eine entsprechend längere Bearbeitungsdauer. Beispiel: Beträgt der Aufwand für das Streichen eines Raumes einen Tag, hat der Maler aber nur jeweils halbe Tage zur Verfügung, so beträgt die Dauer für das Streichen zwei Tage. Wichtig: Bauen Sie für „Unvorhergesehenes" in Maßen Pufferzeiten ein, um „auf der sicheren Seite" zu sein!

Arbeitspaketbeschreibung		
Projektnummer: 47 11-06	Projektbezeichnung: Umzug Großraumbüro	Projekt-Moderator: Eva Mai
AP-Nr.: - 01 -	AP-Bezeichnung: Großraumbüro - Wände streichen	AP-Verantwortlicher: Ina Meier

Zielsetzung:

Die Wände des Großraumbüros sind am
03. September 200X frisch gestrichen.

Voraussetzungen für den Start des Arbeitspakets:

Die Abteilung „y" hat das Büro bis
zum 14. August 200X geräumt!

Bearbeiter:	Aufwand:	Personaleinsatz:	Bearbeitungsdauer:
- Albert Gruber (Hausmeister)	5 Tage	50 %	10 Tage
- Eva Mai	2 Tage	20 %	10 Tage
Gesamt**aufwand**: 7 Tage		Bearbeitungsdauer: 10 Tage	

Kosten:

- Personalkosten:
- Materialkosten:
- Sonstige Kosten:

Gesamtkosten Arbeitspaket:

Frankfurt, den 03. August 200X

Eva Mai
Projekt-Moderator

Ina Meie
Arbeitspaket-Verantwortlicher

Tipp: Unterscheiden Sie unbedingt Bearbeitungsaufwand und Bearbeitungsdauer. Die Nichtunterscheidung ist einer der häufigsten Fehler bei der Projektplanung und führt zu unrealistischen Planungsterminen.

Abb. 15 – Aufwandschätzung - Bearbeitungsdauer

Arbeitspaket

Aufwandschätzung: Kosten

Die Schätzung der zu erwartenden Kosten bestimmt das Budget, das in der Realisierungsphase zur Verfügung stehen wird. Es ist daher äußerst wichtig, die Kosten realistisch zu schätzen und nicht „schönzurechnen".

Was?

Die kostenseitige Aufwandschätzung dient letztlich der finanziellen Absicherung des Projektes. Es ist eine Erfassung/Berechnung der zu erwartenden finanziellen Lasten. Wichtig ist vor allem die Vollständigkeit, um in der Realisierungsphase nicht „auf halber Strecke liegen zu bleiben". Das Ergebnis wird im Formular Arbeitspaketbeschreibung eingetragen.

Wozu?

Durch eine solide Schätzung der zu erwartenden Kosten der einzelnen Aufgaben kann verhindert werden, im Projektverlauf in finanzielle Nöte zu geraten, die schlimmstenfalls die vollständige Realisierung des Projektes in Frage stellen. Auch wenn ein „Nachtragshaushalt" möglich ist, wird zumindest Ihre Reputation als Projekt-Moderator Schaden nehmen.

Wie?

Es geht auch in diesem Planungsschritt um die Vervollständigung der Arbeitspaketbeschreibung. Wichtig ist vor allem, wie bereits erwähnt, dass es Ihnen gelingt, **alle** Kosten, die voraussichtlich entstehen werden, herauszufinden. Hierzu bietet es sich an, die Kosten nach Kostenarten zu erfassen. Überlegen Sie sich beispielsweise, welche Personal-, Material- und sonstigen Kosten anfallen werden.

Arbeitspaketbeschreibung

Projektnummer:	Projektbezeichnung:	Projektmoderator:
47 11 - 06	Umzug Großraumbüro	Eva Mai

AP-Nr.:	AP-Bezeichnung:	AP-Verantwortlicher:
- 01 -	Großraumbüro - Wände streichen	Ina Meier

Zielsetzung:

Die Wände des Großraumbüros sind am
03. September 200X frisch gestrichen.

Voraussetzungen für den Start des Arbeitspakets:

Die Abteilung „Y" hat das Büro bis
zum 14. August 200X geräumt!

Bearbeiter:	Aufwand:	Personaleinsatz:	Bearbeitungsdauer:
- Albert Gruber (Hausmeister)	5 Tage	50 %	10 Tage
- Eva Mai	2 Tage	20 %	10 Tage
Gesamt**aufwand**: 7 Tage		Bearbeitungsdauer:	10 Tage

Kosten:

- Personalkosten: 7 Tage à 800 € = 5.600 €
- Materialkosten: Farbe etc. 500 €
- Sonstige Kosten: —

Gesamtkosten Arbeitspaket: ≈ 6.100 €

Frankfurt, den 03. August 200X

Eva Mai
....
Projekt-Moderator

Ina Meier
....
Arbeitspaket-Verantwortlicher

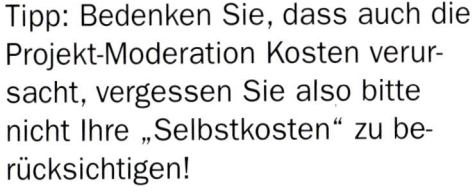

Tipp: Bedenken Sie, dass auch die
Projekt-Moderation Kosten verursacht, vergessen Sie also bitte
nicht Ihre „Selbstkosten" zu berücksichtigen!

Abb. 16 – Aufwandschätzung - Kosten

Arbeitspaket

Arbeitspaketübersicht

Die im Schritt „Projektstrukturplan" benannten Arbeitspakete sind nun näher definiert. Für jedes Arbeitspaket liegt ein vollständiger (!) „**A**rbeits**p**aket**d**efinitions**b**ogen" vor.

Was?

Die Arbeitspaketübersicht ist die Zusammenfassung der für die weitere Planungsarbeit zentralen Informationen. Im Vordergrund stehen die ermittelten Daten hinsichtlich Dauer und Kosten.

Wozu?

Anhand der Arbeitspaketübersicht sehen Sie und Ihr Team „auf einen Blick" die zentralen Planungsdaten wie „Arbeitspaket", „Arbeitspaketverantwortlicher" sowie „Dauer" und „Kosten" je Arbeitspaket. Durch die Addition der Arbeitspaketkosten stehen jetzt auch in Form **einer** Zahl die geschätzten Gesamtkosten fest.

Wie?

Alle Arbeitspaketverantwortlichen nennen die für ihre Arbeitspakete ermittelten Daten, die vom Projekt-Moderator dann in das vorbereitete (!) Übersichtsformular eingetragen werden.

Übrigens: Die Arbeitspakete werden anschließend in eine „Zeitreihe" gebracht. Im klassischen Projektmanagement wird hierzu per EDV-Software ein „Netzplan" erstellt, der alle Abhängigkeiten und Querverbindungen im Detail grafisch darstellt. Wir verzichten auf dieses Instrument, da im Rahmen von „Alltagsprojekten" der Aufwand den Nutzen weit übersteigt. Zur Darstellung der zeitlichen Abfolge ist der Balkenplan vollkommen ausreichend, wie er im Folgenden dargestellt ist.

Arbeitspaket Nr.	Bezeichnung	Verantwortlicher	Dauer in Tagen	Kosten in Euro
01	Großraumbüro-wände streichen	Ina Meier	10	6.100
02	EDV und Telefone installieren	Peter Ulrich	5	40.000
03	Adressen ändern	Ingo Pelz	5	2.000
04	Inventar packen	Iris Huber	3	32.000
05	Umzugsfirma beauftragen	Petra Neuner	5	1.600
06	...	...	...	...
07	...	...	...	...
08	...	...	...	...
09	Projektmoderation sicherstellen	Eva Mai	30	6.000
			Summe:	297.000

Abb. 17 – Arbeitspaketübersicht

Projektablauf

Ablaufplanung

Ein Projekt ist kein Ereignis, sondern ein Prozess. Die Visualisierung dieses Prozesses ist der „Projektablaufplan".

Was?

Der Projektablaufplan ist eine Aufgabenübersicht, die die einzelnen Arbeitspakete auf der Zeitschiene darstellt. Er zeigt die Dauer und die zeitlichen Abhängigkeiten von Aufgaben. Darüber hinaus zeigt er die geplanten markanten Teilziele/Zwischenergebnisse, die so genannten „Meilensteine" (vgl. Seite 78f.), auf.

Wozu?

Der Ablaufplan bildet die Grundlage für die Terminplanung des gesamten Projektes: „Wann ist was zu tun?" Die Dauer aller Arbeitspakete ist grafisch dargestellt, so dass bei Änderungen, Störungen etc. unmittelbar erkennbar ist, welche Auswirkungen dies auf den zeitlichen Verlauf des Gesamtprojektes haben wird.

Wie?

Zunächst kleben Sie ganz links untereinander für jedes Arbeitspaket eine (gelbe) „Moderationskarte" auf ein mit einem Zeitstrahl versehenes, vorbereitetes Pinnwandpapier. Danach ergänzen Sie die Darstellung zeilenweise um Kartenstreifen, die für jedes Arbeitspaket durch ihre Länge die Dauer (nicht den Aufwand!!) darstellen. Die Kartenstreifen werden dabei gemäß den bestehenden Abhängigkeiten zwischen den zu erledigenden Aufgaben positioniert. Jeder Streifen ist mit einer Arbeitspaketnummer und der Dauer (z.B. in Tagen) beschriftet. Abschließend werden die „Meilensteine" mittels roter Kreiskarten positioniert.

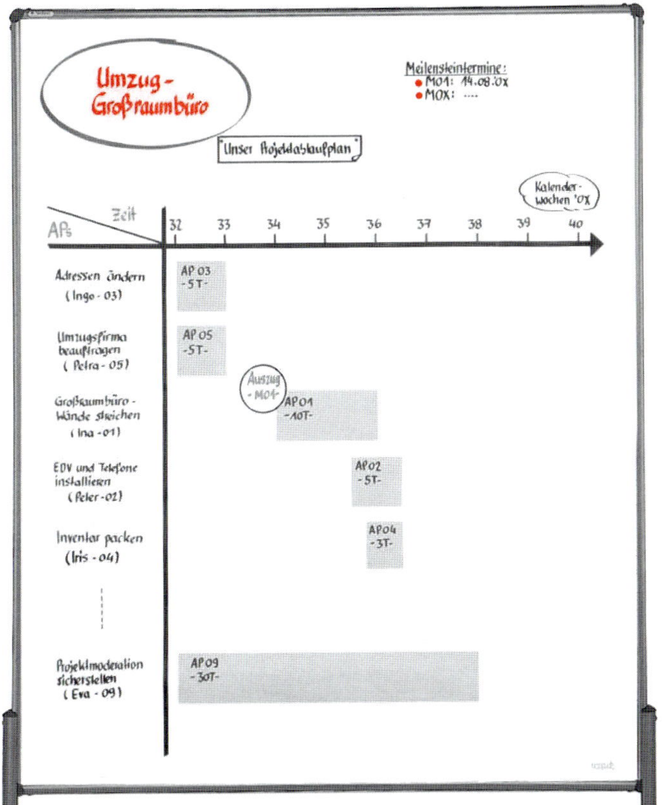

Tipp: Durch die Beschichtung des Blattes mit "MODERATIO-Kleber" (www.moderatorenshop.de) können die Karten beliebig oft neu positioniert werden!

Abb. 18 – Projektablaufplan

Projektablauf

Meilensteindefinition

Meilensteine sind markante Etappenziele, die erreicht werden müssen, wie etwa bei einer Bergtour eine Schutzhütte oder die letzte Seilbahn ins Tal.

Was?

„Meilensteine" sind markante Teilziele/Zwischenergebnisse im Projektverlauf. Sie stellen eine „Sollbruchstelle" oder einen „Prüfstein" für das Projekt dar. Dabei ist zwischen Meilensteinen zu unterscheiden, die das Team frei festlegen kann, und solchen, die durch äußere Faktoren unverrückbar vorgegeben sind: Der Nikolaus kommt am 10. Dezember definitiv zu spät!

Wozu?

Meilensteine sind „TÜV-Termine" für das Projekt. Sie sind eine „Standortbestimmung" und dienen der Rückschau sowie Bewertung der bisher geleisteten Arbeit und des bisherigen Projektverlaufes. Das Erreichen oder auch Nichterreichen des Meilensteins entscheidet darüber, wie bzw. ob das Projekt (wie geplant) weitergeführt werden kann.

Wie?

Das Projektteam legt fest, welche Teilziele/Zwischenergebnisse als Meilensteine gelten. Danach erstellt das Team für jeden Meilenstein eine Meilensteinbeschreibung und trägt diese in das vorbereitete (!) Übersichtsformular ein. Die wesentlichen Meilensteininformationen sind: Namen des Meilensteins, Name des Meilenstein-Verantwortlichen, Zielsetzung (im Sinne eines eingetretenen Ereignisses), Termin zu dem der Meilenstein erreicht sein soll/muss. Jeder Meilenstein wird abschließend im Ablaufplan mittels Kreiskarte mit Meilensteinbezeichnung/-nummer positioniert.

Meilensteinbeschreibung		
Projektnummer: 4711-06	**Projektbezeichnung:** Umzug Großraumbüro	**Projekt-Moderator:** Eva Mai
Meilenstein-Nr.: M01	**Meilenstein-Bezeichnung:** Auszug - Abteilung „Y"	**Meilenstein-Verantwortlicher:** Horst Helfrich

Zielsetzung / Eingetretenes „Ereignis":

Die Abteilung „Y" ist aus dem
Großraumbüro ausgezogen am 14. August
200X. Das Großraumbüro ist leer!

Frankfurt, den 03. August 200X

Eva Mai
Projekt-Moderator:

Horst Helfrich
Meilenstein-Verantwortlicher

Tipp: Als Grundregel für die
Planung von Meilensteinen gilt:
So viel wie nötig, aber so wenig
wie möglich!

Abb. 19 – Meilensteindefinition

Risikoanalyse
Risikosammlung

Was?
Die Risikoanalyse ist ein leistungsstarkes Tool, um im Team potenzielle Projektrisiken transparent zu machen.

Wozu?
Sie dient dazu, alle Risiken, die zu einer Planabweichung und/oder zum Nicht-Erreichen des Projektzieles führen könnten, zusammenzutragen.

Wie?
Der Projekt-Moderator sammelt in diesem Schritt mit den Projektmitarbeitern mittels „Netzbild" (vgl. Abb. 20, Näheres in: Seifert: „Visualisieren - Präsentieren - Moderieren") die Risiken, die aus Sicht der Gruppe die Realisierung des Projektes erschweren oder gefährden könnten. Dies kann (wenn es sinnvoll ist) auch für jedes Arbeitspaket gemacht werden.

Hilfreich kann es es hierbei sein, sowohl an projektimmanente als auch produktimmanente Risiken zu denken.

Projektimmanente Risiken sind solche wie z. B. das Risiko, dass Ressourcen nicht (fristgerecht) freigegeben werden, oder Vorarbeiten, wie etwa die Räumung von Flächen durch Dritte, nicht fristgerecht erfolgen. Produktimmanent hingegen sind Risiken, die sich nicht aus dem „Projektmanagement", sondern aus der Produktrealisierung ergeben, wie etwa Kompatibilitäts- oder Schnittstellenprobleme bei der Einführung einer neuen Software(generation).

Die Risikosammlung kann gegebenenfalls auch in arbeitspaketbezogenen Kleingruppen erfolgen.

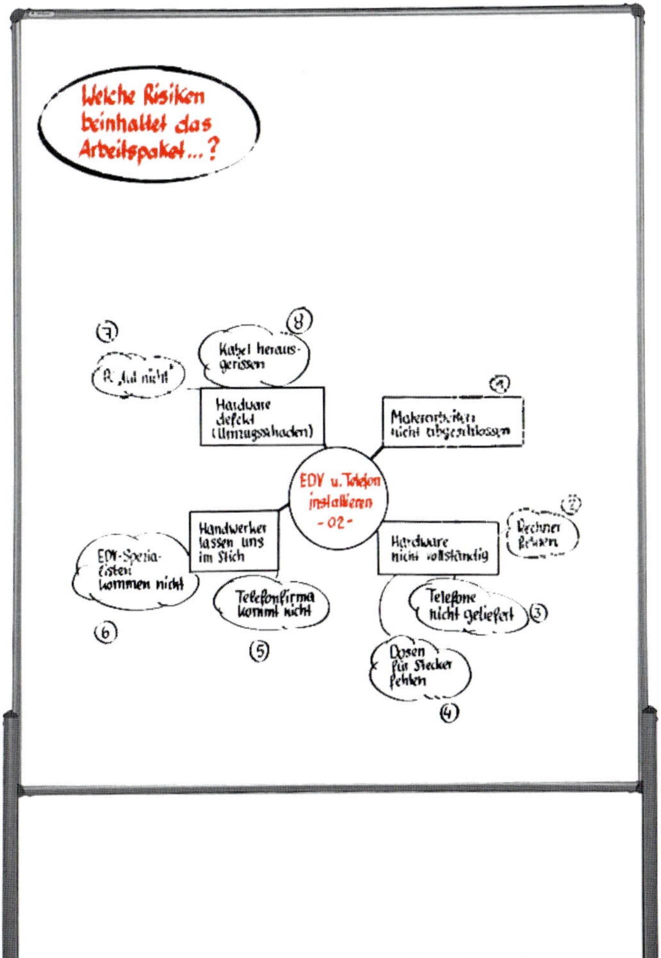

Tipp: Nummerieren Sie die einzelnen Risiken reihum durch. Sie benötigen diese Nummerierung im nächsten Schritt, der Risikobewertung.

Abb. 20 – Risikoanalyse (per Netzbild)

Risikoanalyse
Risikobewertung

Was?
Die Risikobewertung ist eine Einschätzung der Risiken, hinsichtlich der Wahrscheinlichkeit ihres Eintretens und des Grades der Gefährdung des Projektes bei Eintritt.

Wozu?
Die Risikobewertung dient dazu, die Risiken herauszufiltern, die das Potenzial in sich tragen, das Projekt ernsthaft zu gefährden.

Wie?
Der Projekt-Moderator nummeriert die bei der Risikosammlung erfassten potenziellen Risiken auf dem Netzbild durch.

Dann trägt er jedes Risiko anhand der vergebenen Nummer in eine vorbereitete Risikobewertungsmatrix (beispielsweise am Flipchart) ein.

Diese ist nach „Wahrscheinlichkeit des Eintretens" und „Gefährdung des Projektzieles" gegliedert.

Die Gruppe einigt sich im Diskurs darüber, wo in der Matrix das jeweilige Risiko einzuordnen ist.

Für die weitere Arbeit sind vor allem die Risiken relevant, die in beiden Dimensionen hoch bewertet wurden.

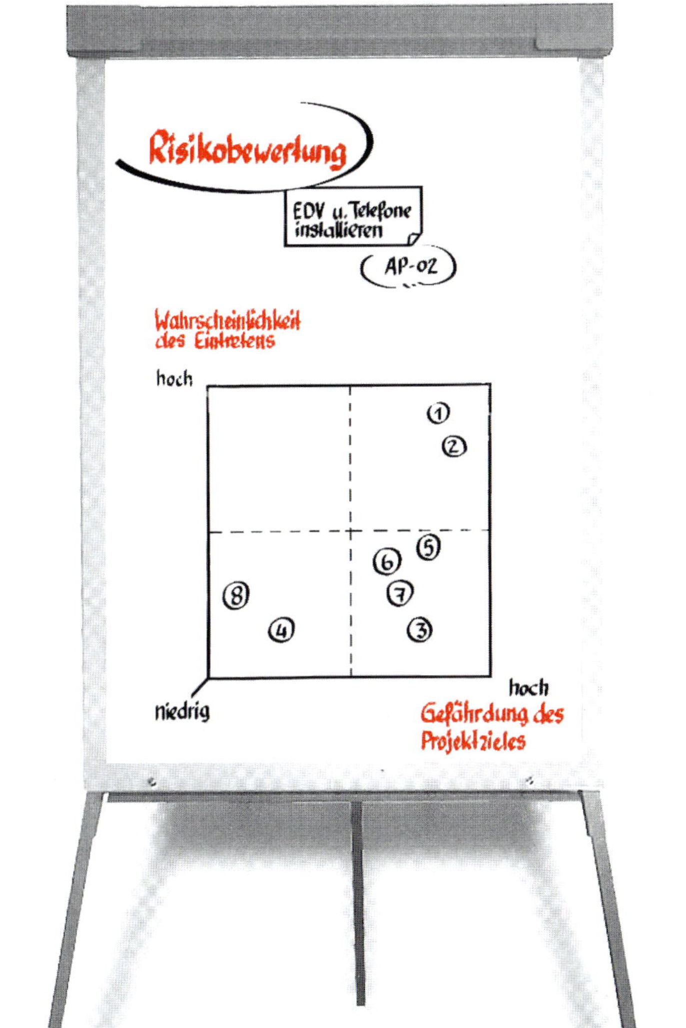

Tipp: Arbeiten Sie flott, um „frucht-
lose" Detaildiskussionen zu vermeiden. Wichtig ist Einigkeit „im
Großen und Ganzen", es kommt
nicht auf Nuancen in der Positionie-
rung an!

Abb. 21 – Risikobewertung

Risikoanalyse

Maßnahmenplan

Was?
Der Maßnahmenplan soll gewährleisten, dass die gefundenen und für relevant erachteten Risiken in die Projektplanung einbezogen werden und damit ein Scheitern des Projektes verhindert wird.

Wozu?
Dieser Schritt dient dazu sicherzustellen, dass zeitig konkrete Maßnahmen zur Risikominimierung/-vermeidung ergriffen werden.

Wie?
Der Moderator stellt der Gruppe eine Tabelle vor, deren Spaltenüberschriften bereits visualisiert sind. Es geht darum, festzulegen,

- … was wozu von wem
- … bis/ab wann getan wird und
- … wie die Ausführung kontrolliert werden soll bzw. auf welche Art die anderen Rückmeldung über deren Erledigung erhalten (Check).

Aufgabe des Moderators ist es, darauf zu achten, dass die einzelnen Maßnahmen möglichst konkret formuliert sind. Tragen Sie in die Spalte „Wer" nur Namen von anwesenden Teilnehmern ein, so dass der jeweilige Eintrag auch verpflichtenden Charakter hat!

Prüfen Sie abschließend, inwiefern die vereinbarten Maßnahmen Einfluss auf den Projektablaufplan (vgl. Seite 76 ff.) haben, und aktualisieren Sie diesen falls erforderlich!

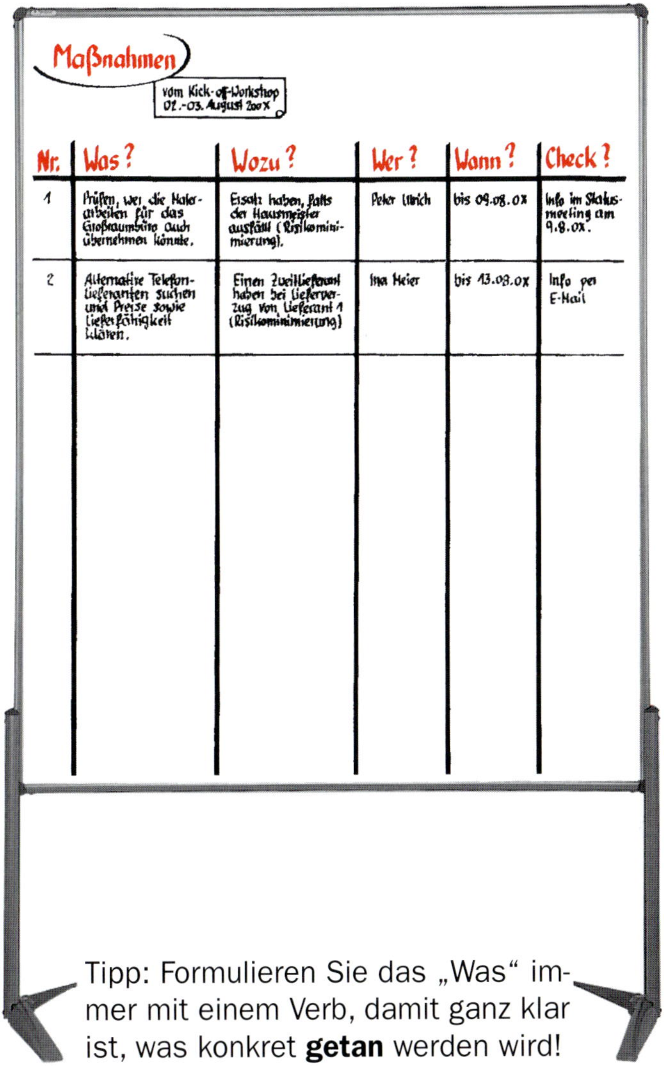

Maßnahmen

vom Kick-off-Workshop
02.-03. August 200X

Nr.	Was?	Wozu?	Wer?	Wann?	Check?
1	Prüfen, wer die Maler-arbeiten für das Großraumbüro auch übernehmen könnte.	Ersatz haben, falls der Hausmeister ausfällt (Risikomini-mierung).	Peter Ulrich	bis 09.08.0X	Info im Status-meeting am 9.8.0X.
2	Alternative Telefon-Lieferanten suchen und Preise sowie Lieferfähigkeit klären.	Einen Zweitlieferanten haben bei Lieferver-zug von Lieferant 1 (Risikominimierung)	Ina Meier	bis 13.08.0X	Info per E-Mail

Tipp: Formulieren Sie das „Was" immer mit einem Verb, damit ganz klar ist, was konkret **getan** werden wird!

Abb. 22 – Maßnahmenplan - Risikominimierung

Das Kick-off-Meeting
Phase 5 „Planen"

Nun geht es im Grunde nur noch darum, das weitere Vorgehen zu verabreden. Hierzu ist es erforderlich, mindestens folgende Punkte zu klären:

- Was ist – über die im letzten Schritt bearbeiteten risikorelevanten Themen hinaus – zu bedenken, zu planen, zu tun?

- Wann trifft sich das Projektteam in dieser Konstellation wieder?

Abschließend bleibt die Frage zu klären, ob es in der aktuellen Situation für die Zusammenarbeit und die Erreichung des Projektzieles noch etwas zu vereinbaren gilt.

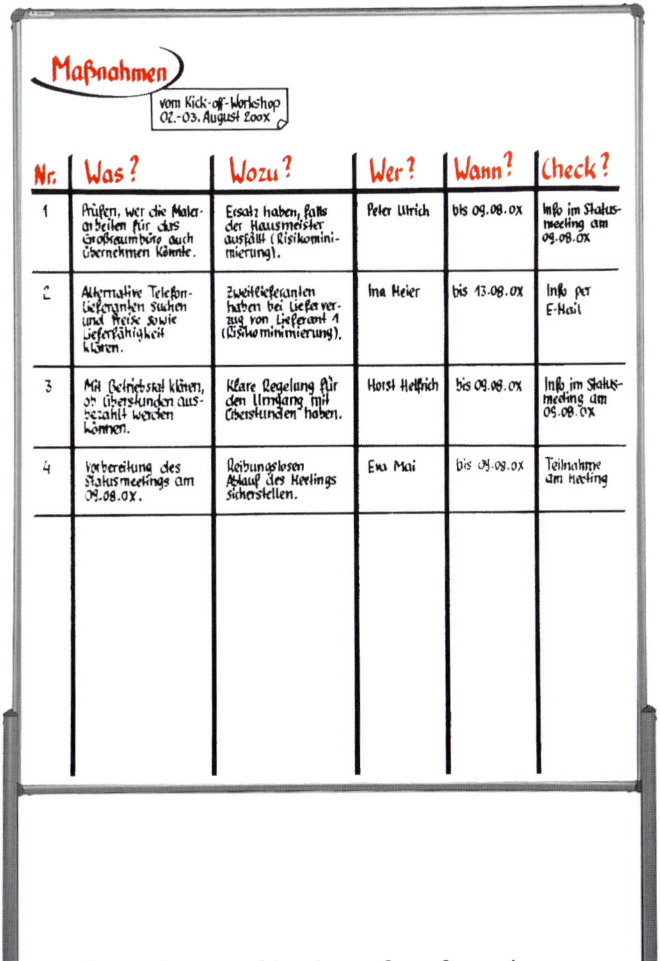

Maßnahmen

vom Kick-off-Workshop
02.-03. August 20xx

Nr.	Was?	Wozu?	Wer?	Wann?	Check?
1	Prüfen, wer die Maler-arbeiten für das Großraumbüro auch übernehmen könnte.	Ersatz haben, falls der Hausmeister ausfällt (Risikomini-mierung).	Peter Ulrich	bis 09.08.0x	Info im Status-meeting am 09.08.0x
2	Alternative Telefon-Lieferanten suchen und Preise sowie Lieferfähigkeit klären.	Zweitlieferanten haben bei Lieferver-zug von Lieferant 1 (Risikominimierung).	Ina Meier	bis 13.08.0x	Info per E-Mail
3	Mit Betriebsrat klären, ob Überstunden aus-bezahlt werden können.	Klare Regelung für den Umgang mit Überstunden haben.	Horst Helfrich	bis 09.08.0x	Info im Status-meeting am 09.08.0x
4	Vorbereitung des Statusmeetings am 09.08.0x.	Reibungslosen Ablauf des Meetings sicherstellen.	Eva Mai	bis 09.08.0x	Teilnahme am Meeting

Tipp: Achten Sie darauf, sofort einen Folgetermin zu vereinbaren, so er-sparen Sie sich im Nachgang auf-wändige Terminkoordinationsarbeit!

Abb. 23 – Maßnahmenplan - Workshopplanung

Das Kick-off-Meeting
Phase 6 „Abschließen"

Zum Abschluss des ersten Treffens ist es sehr wichtig, gemeinsam den Workshop zu reflektieren. Jeder sollte – zumindest kurz – Gelegenheit erhalten, sich zu seinem Erleben des Prozesses, also zum Ablauf der gemeinsamen Arbeit und zu seiner Zufriedenheit bezüglich des Erreichten, zu äußern.

Dadurch schaffen Sie einerseits eine offene Kommunikantionskultur für die weitere Zusammenarbeit und erhalten andererseits Informationen, um gegebenenfalls für die Zukunft daraus lernen zu können.

Das ideale Instument hierfür ist das „Blitzlicht", wie wir es bereits in der Phase „Einsteigen" (vgl. Seite 48) genutzt haben:

- Der Projekt-Moderator erstellt ein Flipchart mit einem Satzanfang und stellt dieses der Gruppe vor.

- Jeder Teilnehmer erhält einen Klebepunkt, mit dem er die visualisierte „Frage" am Flipchart beantwortet.

- Der Moderator bittet jeden Teilnehmer um eine kurze Erläuterung und visualisiert diese mit.

Alternativ, etwa bei Zeitnot, macht es Sinn, das „Blitzlicht" rein verbal – ohne Visualisierung – durchzuführen. Die „Notlösung" ist der Abschluss mittels eines kurzen Schlusswortes.

Tipp: Skizzieren Sie nur Stichworte oder Kernaussagen der Teilnehmer, das ist völlig ausreichend!

Abb. 24 – Das Abschluss-„Blitzlicht"

Das Protokoll

Jede Projektsitzung sollte unbedingt dokumentiert werden. Das Protokoll gibt sowohl Verlauf als auch Arbeitsergebnisse wieder.

Dazu erstellen Sie am besten ein Fotoprotokoll, indem jedes Blatt, das erarbeitet wurde, (digital) abfotografiert und in der entsprechenden Reihenfolge sortiert – als DIN-A4-Ausdruck – den Teilnehmern ausgehändigt wird.

Alternativ kann das Protokoll selbstverständlich auch per E-Mail an die Teilnehmer versandt werden.

Zum Erstellen des Fotoprotokolls sollte sich der Projekt-Moderator von den Teilnehmern aktiv unterstützen lassen

2.2 ... und nun das Ganze im Überblick

In dieser Übersicht sehen Sie den **Gesamtablauf des Kick-off-Workshops** vom ersten bis zum letzten Schritt:

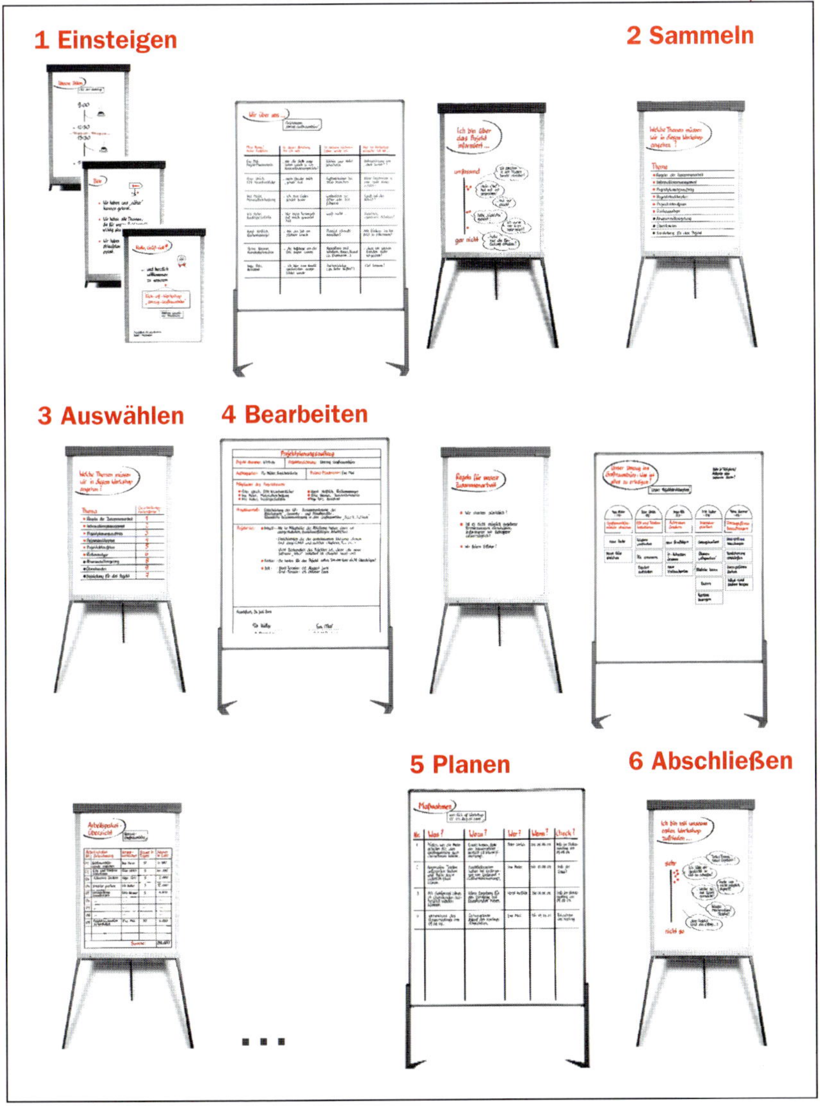

1 Einsteigen

2 Sammeln

3 Auswählen

4 Bearbeiten

5 Planen

6 Abschließen

Abb. 25 – Gesamtüberblick „Planungsphase einer Projekt-Moderation"

Stop or go: Die Entscheidung

Nach all dieser Planungsarbeit geht es für den Projekt-Moderator nun darum, ob das Projekt realisiert werden soll oder nicht.

Dazu präsentieren Sie die Arbeitsergebnisse (kurz) dem Auftraggeber. Dieser muss nun entscheiden, ob das Projekt so, wie von Ihnen und Ihrem Team vorgedacht, in die Realisierungsphase gehen soll („Go!") oder nicht („Stop!") oder ob es eventuell erforderlich ist, an der einen oder anderen Stelle nachzuarbeiten („Loop!") und die überarbeitete Planung dann nochmals vorzulegen. Letzlich geht es also darum, einen verbindlichen Projekt(realisierungs)auftrag zu erhalten, der von beiden (Auftraggeber und Auftragnehmer/Projekt-Moderator) unterschrieben ist.

Tipp: Bestehen Sie auf der „Formalie" der Unterschrift, letztlich gibt nur sie Ihnen die Legitimation entsprechend der Planung zu handeln!

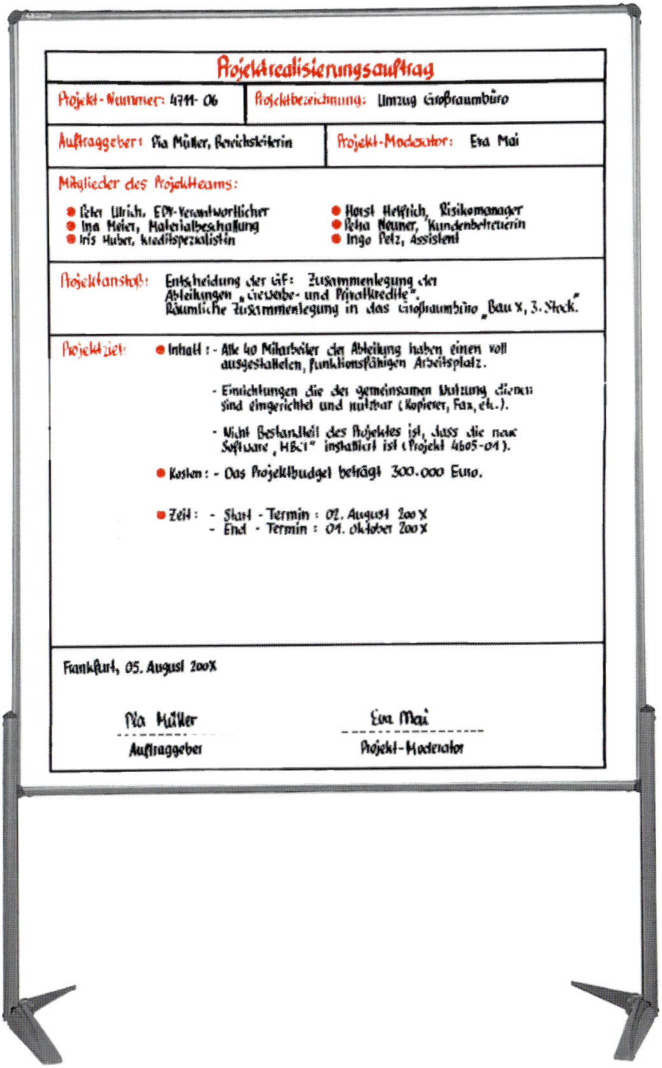

Projektrealisierungsauftrag

Projekt-Nummer: 4711-06	**Projektbezeichnung:** Umzug Großraumbüro

Auftraggeber: Pia Müller, Bereichsleiterin	**Projekt-Moderator:** Eva Mai

Mitglieder des Projektteams:

- Peter Ullrich, EDV-Verantwortlicher
- Ina Meier, Materialbeschaffung
- Iris Huber, Kreditspezialistin
- Horst Helflich, Risikomanager
- Petra Neuner, Kundenbetreuerin
- Ingo Pelz, Assistent

Projektanstoß: Entscheidung der GF: Zusammenlegung der Abteilungen „Gewerbe- und Privatkredite". Räumliche Zusammenlegung in das Großraumbüro „Bau X, 3. Stock".

Projektziel:

- **Inhalt:** – Alle 40 Mitarbeiter der Abteilung haben einen voll ausgestatteten, funktionsfähigen Arbeitsplatz.
  – Einrichtungen die der gemeinsamen Nutzung dienen sind eingerichtet und nutzbar (Kopierer, Fax, etc.).
  – Nicht Bestandteil des Projektes ist, dass die neue Software „HBCI" installiert ist (Projekt 4605-04).
- **Kosten:** – Das Projektbudget beträgt 300.000 Euro.
- **Zeit:** – Start-Termin: 02. August 200X
  – End-Termin: 04. Oktober 200X

Frankfurt, 05. August 200X

Pia Müller
_____
Auftraggeber

Eva Mai
_____
Projekt-Moderator

Abb. 26 – Projekt(realisierungs)auftrag

3 Und jetzt aber ran an den Speck
oder: Projektrealisierung

Jetzt geht es an die Realisierung des Projektplans. Jeder Arbeitspaketverantwortliche geht an die Arbeit und erledigt den Teil, für den er die Verantwortung übernommen hat. Die Klammer für die Zusammenarbeit bilden regelmäßig stattfindende „Statussitzungen". In diesen Sitzungen trifft sich das Team um Arbeitsfortschritte, aktuelle Problemstellungen und das weitere Vorgehen zu besprechen.

Überlegen Sie als Projekt-Moderator, wann und wo diese „Mini-Workshops" stattfinden können und: Halten Sie die Sitzungen unbedingt regelmäßig ab! Dies bedeutet, dass eine Sitzung auch dann stattfindet, wenn „nichts anliegt" oder der eine oder andere (urlaubs- oder krankheitsbedingt) nicht teilnehmen kann.

Der Aufbau der Statussitzungen orientiert sich – wie der des dargestellten Planungs-Kick-off-Workshops – am Moderationszyklus! Der konkrete Ablauf ist auf der nächsten Seite skizziert. Zur Bearbeitung der aktuellen Themen kommen folgende Methoden zum Einsatz:

- der Soll-Ist-Vergleich
- die Meilenstein-Trend-Analyse
- die Zwei-Felder-Tafel

Diese Methoden sind auf den folgenden Seiten kurz skizziert.

PS: Vergessen Sie bitte nicht, alle erarbeiteten und protokollierten (!) Unterlagen in der Projektakte (vgl. Seite 30) abzulegen, so dass diese zu jedem Zeitpunkt den aktuellen Projektstand wiedergibt!

... und nun das Ganze im Überblick

In dieser Übersicht sehen Sie den **Gesamtablauf einer Statussitzung** im Rahmen einer Projekt-Moderation vom ersten bis zum letzten Schritt.

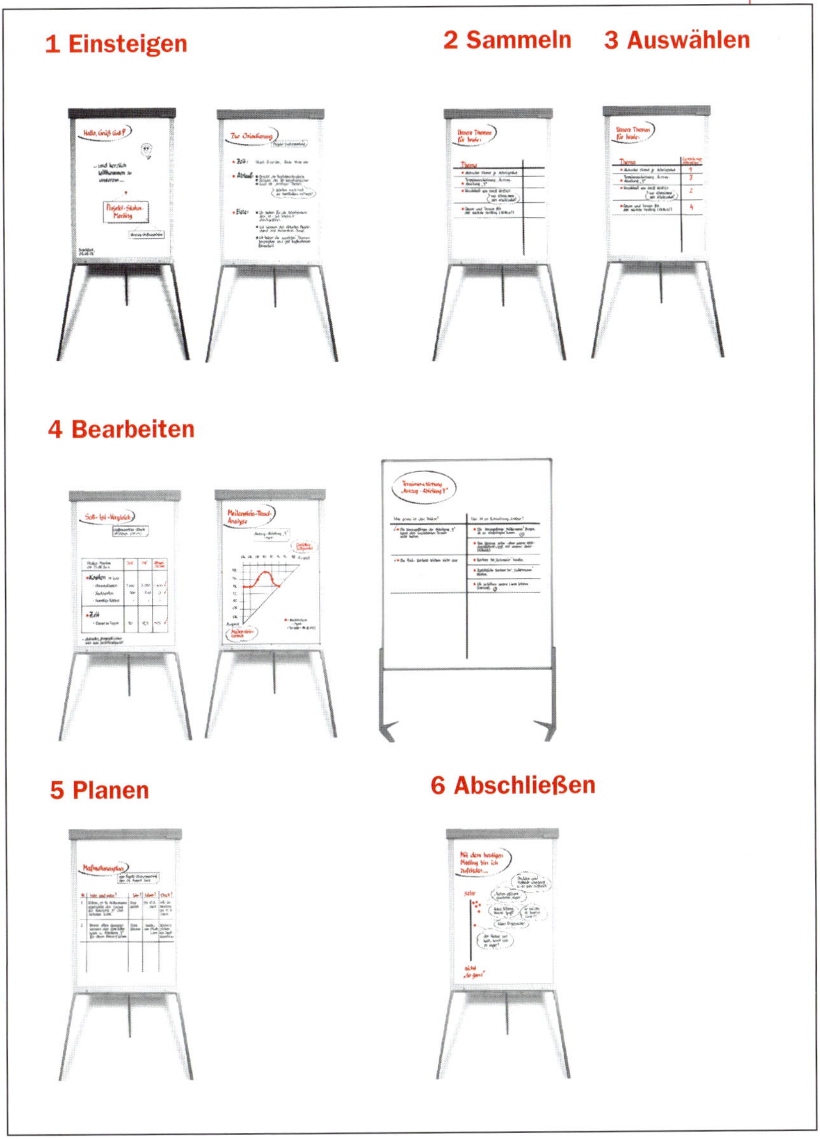

1 Einsteigen   **2 Sammeln**   **3 Auswählen**

4 Bearbeiten

5 Planen   **6 Abschließen**

Abb. 27 – Gesamtüberblick „Statussitzung einer Projekt-Moderation"   **95**

3.1 Der Soll-Ist-Vergleich

Was?

Der Soll-Ist-Vergleich ist eine Gegenüberstellung der in der Aufwandschätzung geplanten und der „hier und jetzt" aktuellen Werte.

Wozu?

Der Soll-Ist-Vergleich dient der frühzeitigen Erkennung von Abweichungen von den Plandaten. Gegebenenfalls können daraus unmittelbar Korrekturmaßnahmen abgeleitet werden.

Wie?

Bereiten Sie als Projekt-Moderator für jedes Arbeitspaket auf einem Flipchart (entsprechend der Abb. 28) eine Tabelle vor, die bereits die jeweiligen Soll-Daten enthält.

Stellen Sie diese dem Team vor und tragen Sie dann gemeinsam mit den Teammitgliedern die Ist-Werte ein.

Bei Soll-Ist-Abweichungen überlegen Sie, was zu tun ist, um die Soll-Vorstellungen doch noch zu erreichen, bzw. welchen Einfluss diese Abweichung(en) auf einzelne Arbeitspakete und/oder den Gesamtablauf haben.

Entsprechend müssen Sie gegebenenfalls den **Projektablaufplan** an die geänderten Rahmenbedingungen **anpassen!**

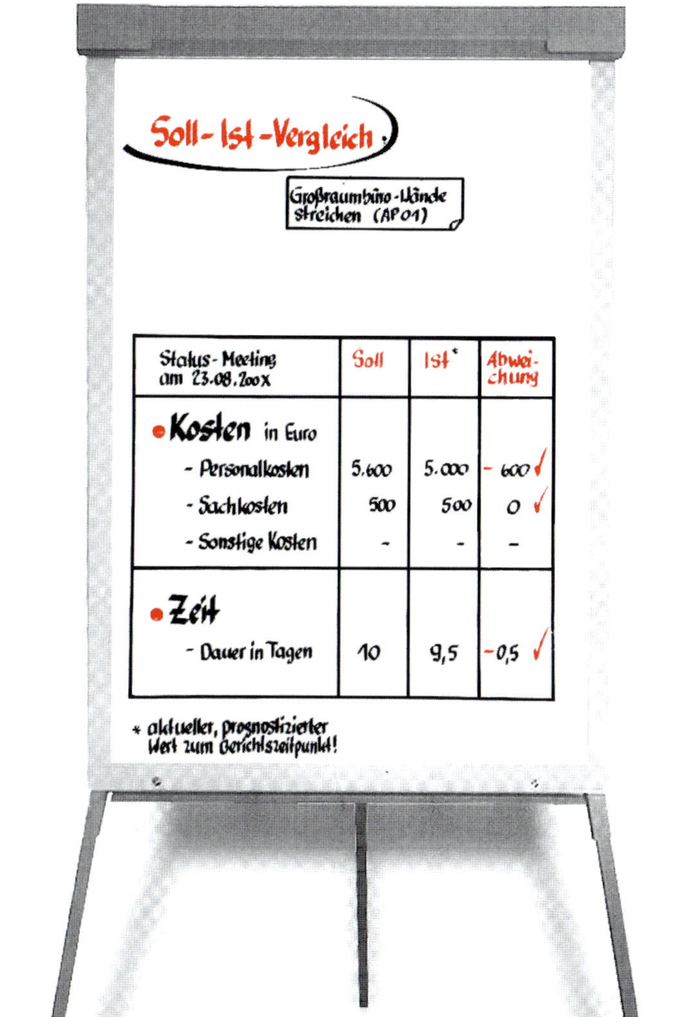

Soll-Ist-Vergleich

Großraumbüro-Wände streichen (AP 01)

Status-Meeting am 23.08.200x	Soll	Ist*	Abwei-chung
● **Kosten** in Euro			
– Personalkosten	5.600	5.000	– 600 ✓
– Sachkosten	500	500	0 ✓
– Sonstige Kosten	–	–	–
● **Zeit**			
– Dauer in Tagen	10	9,5	–0,5 ✓

* aktueller, prognostizierter Wert zum Berichtszeitpunkt!

Tipp: Vergessen Sie nicht, bei Abweichungen vom Soll den Auftraggeber zu informieren. Zumindest dann, wenn die Erreichung des Gesamtzieles in Frage steht!

Abb. 28 – Soll-Ist-Vergleich

3.2 Die Meilenstein-Trend-Analyse

Was?

Die Meilenstein-Trend-Analyse ist ein Instrument zur Visualisierung der „Termintreue" des Projektteams bezogen auf die gesetzten Meilenstein-Termine.

Wozu?

Die Meilenstein-Trend-Analyse dient der „Früherkennung" von möglichen Meilenstein-Terminüberschreitungen. Sie gibt damit die Möglichkeit zur rechtzeitigen Einleitung von Korrekturmaßnahmen.

Wie?

Der Projekt-Moderator bereitet ein Flipchart mit einer Grafik (gemäß Abb. 29) vor. Er fragt dann die jeweiligen Meilenstein-Verantwortlichen, wann sie glauben „ihren" Meilenstein zu erreichen, und trägt diese Daten in das Formular ein. Hat der Moderator diese Aufgabe selbst übernommen, beschränkt sich diese Phase auf eine Präsentation der Daten.

Durch die kontinuierliche Fortschreibung des Blattes entsteht eine Trend-Ansicht, die darüber Auskunft gibt, ob die Meilenstein-Termine eingehalten werden.

Stellen sich bei der Trend-Analyse Soll-Ist-Abweichungen heraus, überlegen Sie mit dem Team, durch welche Maßnahmen die Soll-Vorstellungen gegebenenfalls **doch noch** erreicht werden können, und planen diese gemeinsam durch.

Passen Sie dann den **Projektablaufplan** entsprechend an die geänderten Rahmenbedingungen an! ... und vergessen Sie nicht, die Änderung mit dem Auftraggeber abzustimmen!

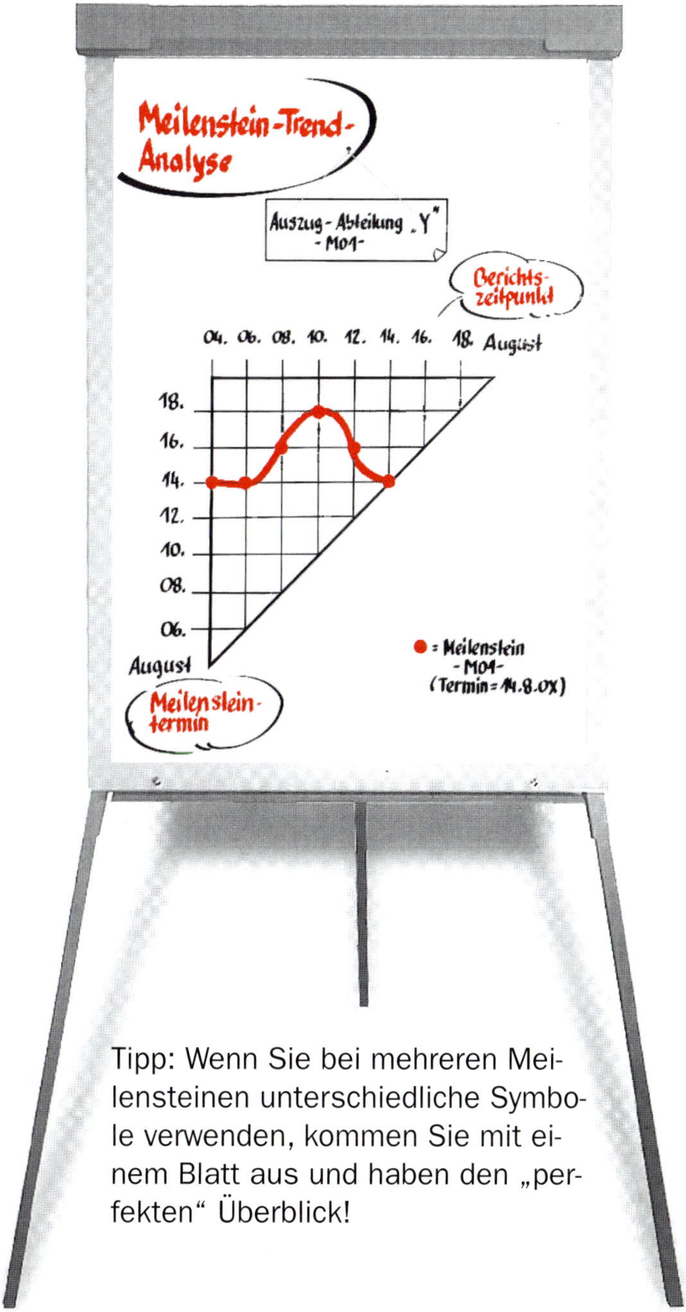

Tipp: Wenn Sie bei mehreren Meilensteinen unterschiedliche Symbole verwenden, kommen Sie mit einem Blatt aus und haben den „perfekten" Überblick!

Abb. 29 – Meilenstein-Trend-Analyse

3.3 Die Zwei-Felder-Tafel

Was?

Die Zwei-Felder-Tafel ist eine einfache Methode zur Konkretisierung von Problemstellungen, die sich im Laufe der Projektarbeit ergeben, und zur Erarbeitung von Lösungsmöglichkeiten.

Wozu?

Die Zwei-Felder-Tafel dient dazu, Probleme, die im Laufe der Projektarbeit auftauchen, zu konkretisieren und Lösungsalternativen zu entwickeln. Sie dient der Strukturierung des Gespräches und der Vermeidung von „Endlosdiskussionen". Vorschläge werden visualisiert und gehen nicht verloren.

Wie?

Der Projekt-Moderator überschreibt eine „Zwei-Felder-Tafel" (siehe Abb. 30) mit dem zu bearbeitenden Problem/Thema und beantwortet danach mit der Gruppe die vorformulierten Fragen: „Was genau ist das Problem?" und „Was ist zur Problemlösung denkbar?"

Danach einigt sich die Gruppe anhand der erarbeiteten Lösungsideen auf eine konkrete Handlungsalternative und formuliert im „Maßnahmenplan", wer was ... tut.

Danach müssen Sie gegebenenfalls den **Projektablaufplan** an die geänderten Rahmenbedingungen **anpassen!**

PS: Weitere Problembearbeitungsmethoden, die auch in der Projektarbeit hilfreich sind, finden Sie in: Seifert: Visualisieren - Präsentieren - Moderieren, S. 120 ff.

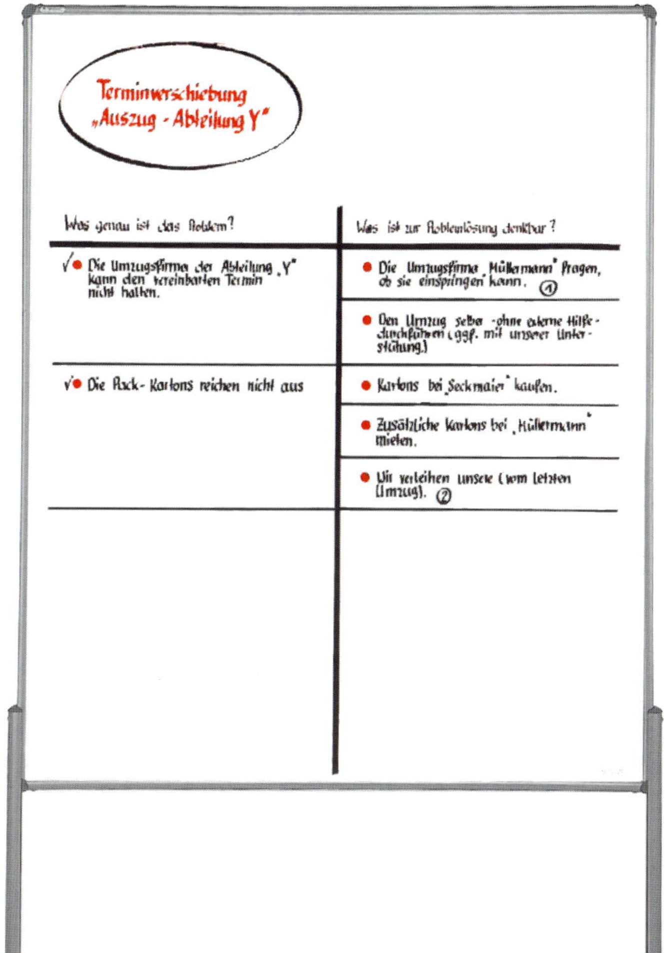

Terminverschiebung
„Auszug - Abteilung Y"

Was genau ist das Problem?	Was ist zur Problemlösung denkbar?
✓ ● Die Umzugsfirma der Abteilung „Y" kann den vereinbarten Termin nicht halten.	● Die Umzugsfirma „Müllermann" fragen, ob sie einspringen kann. ④
	● Den Umzug selber -ohne externe Hilfe- durchführen (ggf. mit unserer Unterstützung.)
✓ ● Die Pack- Kartons reichen nicht aus	● Kartons bei „Seckmaier" kaufen.
	● Zusätzliche Kartons bei „Müllermann" mieten.
	● Wir verleihen unsere (vom letzten Umzug). ⑦

Tipp: Achten Sie auf konkrete Pro-
blemdefinitionen! Statt „Personal
zu wenig" lieber „Uns fehlen 2 Mitarbeiter für die Installation von ..."

Abb. 30 – Zwei-Felder-Tafel

4 Und jetzt wird gefeiert
oder: **Projektabschluss**

Der Projektabschluss ist der „Punkt am Ende des Satzes". Sie sollten keinesfalls darauf verzichten, das Projekt darf kein „offenes Ende" haben!

In dieser letzten Phase geht es darum, das Projektergebnis in der Organisation bekannt zu geben und im Rahmen einer offiziellen Abschlussveranstaltung die Projektorganisation aufzulösen.

Zur Bekanntgabe des Projektergebnisses können Sie – je nach Größe und Inhalt des Projektes – alle zur Verfügung stehenden Informationsplattformen nutzen. Dies kann von der Info im Rahmen der Abteilungsbesprechung über den Aushang am "schwarzen Brett" bis hin zum Artikel in der Hauszeitung reichen.

In einer (kurzen) Zusammenkunft aller Projektbeteiligten wird schließlich die Projektorganisation offiziell aufgelöst. Dazu trifft sich letztmalig das Projektteam, um dem Auftraggeber das Projektergebnis zu präsentieren und die Projektunterlagen zu übergeben. Ein Exemplar sollten Sie übrigens unbedingt zur Erfahrungssicherung für künftige Projekte bei sich behalten!

Im Abschlussmeeting sollten ingesamt folgende Punkte eine Rolle spielen:

- **Kurzpräsentation des Projektes***
  - Was war der Anlass für das Projekt?
  - Was war der Auftrag?
  - Wie war der Verlauf: Was waren die schwierigsten Stellen, was waren die

„Highlights"?
- Was wurde erreicht: Wo mussten Abstriche gemacht werden? Was ist letztlich das Ergebnis?

● **Dank an die Projektmitarbeiter**
für ihre Bereitschaft zur Mitarbeit und ihr Engagement.

● **Dank an den Auftraggeber**
für seine Unterstützung im Projektverlauf.

● **Abschluss„feier"**
Organisieren Sie ein gemeinsames Abschluss-essen, einen kleinen Imbiss oder zumindest „ein Glas Sekt im Stehen".

* Achten Sie darauf, die Präsentation „kurz & knackig" zu halten; weitere Grundsätze und Tipps hierzu finden Sie in: Seifert: Visualisieren - Präsentieren - Moderieren (vgl. Literatur).

5 Schwierige Projektsituationen meistern

Neben dem Methoden-Know-how des Projektleiters hängt der Erfolg eines Projektes ganz entscheidend von seiner Fähigkeit ab, schwierige Situationen zu managen.

Diese können von außen entstehen, etwa durch den Auftraggeber, können aber auch von innen durch die Teammitglieder oder durch den Projekleiter selbst verursacht werden.

Im Folgenden sind typische schwierige Situationen aus dem Projektalltag und Anregungen zu deren Bewältigung skizziert:

- Aufgaben werden nicht (fristgerecht) erledigt
- die Projektmitglieder „geraten aneinander" (Kommunikationsprobleme)
- die Aufgabe ist (so wie gedacht) aus Sicht des Projektteams nicht lösbar
- der Auftraggeber unterstützt das Projektteam nicht ausreichend
- die Projektplanung wird vom Auftraggeber „nicht abgesegnet"
- der Auftraggeber ändert den Auftrag

5.1. Aufgaben werden nicht (fristgerecht) erledigt

- Eine typische Ursache für dieses Phänomen ist, dass Projektteammitglieder nicht in dem vereinbarten Umfang für die Projektarbeit freigestellt werden. In diesem Fall sollten Sie unbedingt zunächst mit dem Vorgesetzten des Projektmitgliedes spre-

chen. Einerseits ist dies der „Dienstweg" und andererseits sollte dieser sich nicht übergangen fühlen und zum Projekt(-Moderator)gegner werden. Ziel des Gespräches muss es sein, die Ursachen für die mangelnde Freistellung zu eruieren und zu klären, wie das Problem gelöst werden kann.

Ist dieser Weg nicht gangbar, etwa weil sich der Ansprechpartner verweigert oder im gemeinsamen Gespräch keine Lösung gefunden werden kann, so ist es erforderlich, den Auftraggeber einzubeziehen. Dieser ist dann für die Lösung des Problems zuständig.

● Eine weitere mögliche Ursache ist die (möglicherweise auf „Druck von oben" zurückzuführende) zu optimistische Zeitschätzung durch den Arbeitspaketverantwortlichen im Rahmen der Ressourcenschätzung. In diesem Fall sollten Sie eine realistische Neuschätzung (sowie die Anpassung des Projektablaufplanes!) vornehmen.

● Immer wieder kommt es vor, dass die Prioritätensetzung einzelner Projektmitarbeiter nicht dem Projekt, sondern anderen Aufgaben zugute kommt und Projektaufgaben „verschleppt" werden. In diesem Fall sollten Sie ein „Vier-Augen-Gespräch" mit dem Projektmitglied führen. In diesem Gespräch kommt es darauf an, dass der Gesprächspartner versteht, welche Konsequenzen sein Verhalten für das Gesamtprojekt hat: zeitliche Verzögerungen, Meilensteine stehen in Frage, Verärgerung ...

Bei schwierigen Fällen sollten Sie ernsthaft erwägen, den disziplinarischen Vorgesetzten oder auch den Auftraggeber einzubeziehen.

5.2 Die Projektmitglieder „geraten aneinander"

• In schwierigen Projektphasen kommt es immer mal wieder zu „Streitereien", wer denn wofür die Schuld trägt, vor allem, wenn zeitliche Verzögerungen abzusehen sind oder Budgetüberschreitungen drohen. In diesem Fall sollten Sie nach dem Grundsatz „Probleme lösen – nicht Schuldige suchen!" verfahren.

Es kommt in solchen Fällen darauf an, an der Sache zu arbeiten und ein „Herumhacken" auf Personen zu vermeiden. (vgl. Seifert, Moderation & Kommunikation, S. 63 ff).

5.3 Die Aufgabe ist (so wie gedacht) aus Sicht des Projektteams nicht lösbar

• Im Kick-off-Workshop oder im Rahmen einer späteren „Statussitzung" äußert ein Projektteammitglied die Meinung, dass das Projekt nicht wie ursprünglich gedacht zu realisieren ist. In diesem Fall sollten Sie den Teilnehmer ernst nehmen und versuchen, durch gezieltes Nachfragen den Grund für die Skepsis herauszufinden. Stellt sich heraus, dass die Zweifel berechtigt sind, gilt es, gemeinsam mit dem Team Lösungen zu erarbeiten.

Hierzu können Sie auch gut die „Zwei-Felder-Tafel" (vgl. Seite 100) nutzen.

5.4 Der Auftraggeber unterstützt das Projektteam nicht ausreichend

- Es kommt vor, dass Auftraggeber, nachdem sie den Auftrag erteilt haben, glauben, damit wären ihre Pflichten erfüllt. Dies führt dann häufig dazu, dass sie ihrer Verantwortung nicht gerecht werden und das Projektteam nicht ausreichend unterstützen. Dies ist etwa dann der Fall, wenn der Auftraggeber ein Gespräch mit dem Vorgesetzten eines Teammitgliedes (vgl. „Aufgaben werden nicht fristgerecht erledigt") nicht führt oder im Falle von Ressourcenknappheit keine eindeutigen Prioritäten setzt. In diesem Fall sollten Sie ein „Vier-Augen-Gespräch" mit dem Auftraggeber führen. In diesem Gespräch kommt es darauf an, dass der Gesprächspartner versteht, welche Konsequenzen sein Verhalten für das Erreichen des Projektzieles haben wird oder kann.

Darüber hinaus sollten Sie explizit um ernsthafte Unterstützung für die weitere Projektarbeit bitten!

Ein Tipp: Fertigen Sie sich nach solchen Gesprächen grundsätzlich eine Gesprächsnotiz an, in der Sie die Anwesenden, den Anlass, das Ziel und das Ergebnis des Gespräches kurz skizzieren. Geben Sie (in hartnäckigen Fällen) Ihre Notiz in Kopie an den Gesprächspartner mit der Begründung, dass es Ihnen wichtig sei, Informationsgleichstand zu halten. Dadurch entsteht ein „sanfter Druck", der manchmal Wunder wirkt ...

5.5 Die Projektplanung wird vom Auftraggeber „nicht abgesegnet"

● Ein „Schreckgespenst" für den Projekt-Moderator wäre es, wenn der Auftrageber, nach all der Mühe, die Projektplanung nicht abnimmt. Grund dafür kann sein, dass es ihm zu lange dauert, bis er sein Projektziel erreicht sieht. Er besteht dann auf einer Planung, die die Einhaltung seines Wunsch-Endtermines garantiert. Dies nennt man im Projektmanagementjargon „termintreue Planung". In diesem Fall sollten Sie prüfen, wie Sie (intern oder extern) zusätzliche Kapazitäten erhalten können.

● Ein anderer Grund für eine Ablehnung könnte sein, dass die eingeplante Manpower das für den Auftraggeber akzeptable Maß übersteigt. Er besteht also auf eine Planung, die die Realisierung des Projektes mit einer von ihm vorgegebenen (niedrigeren) Zahl an „Manntagen" garantiert. Dies nennt man im Projektmanagementjargon „kapazitätstreue Planung". In diesem Fall ist zu prüfen, inwiefern sich die Terminplanung verändert, sich also der Endtermin durch den geringeren Arbeitseinsatz nach hinten verschieben wird. Die Planung muss dann entsprechend angepasst werden.

In beiden Fällen sollten Sie auch überlegen, ob es realistisch und möglich ist, – an der einen oder anderen Stelle – Arbeitspaketbearbeitungszeiten zu straffen oder Pufferzeiten (vgl. Seite 70) zu kürzen.

5.6 Der Auftraggeber ändert den Auftrag

- Sehr beliebt ist es auch, den Auftrag „unter der Hand" zu ändern, das bedeutet, dass Rahmenbedingungen, wie Budget oder Ressourcen, Vorstellungen zum Endtermin ... „zwischen Tür und Angel" neu definiert werden. In diesem Fall sollten Sie den Projektauftrag ändern, den Ablaufplan anpassen und Ihre neue Planung dann mit dem Auftraggeber durchsprechen.

Tipp: Achten Sie darauf, dass Sie Änderungen als solche wahrnehmen und sofort darauf reagieren, sonst sind am Ende Sie „der Dumme"!

Übrigens ...

... Sie sollten sich unbedingt die Mühe machen, Ihre Erfahrungen zu sichern, sprich zu dokumentieren. Schreiben Sie Wichtiges unbedingt auf! Legen Sie sich vielleicht neben der offiziellen Projektdokumentation ein persönliches „Projekttagebuch" an und versuchen Sie nicht Ihre Erfahrungen im Kopf zu behalten! Das gelingt nur bei wenig komplexen und/oder sehr drastischen Ereignissen, wie die folgende orientalische Geschichte zeigt:

Der Kaufmann und der Papagei

Ein orientalischer Kaufmann besaß einen Papagei. Eines Tages stieß der Vogel eine Ölflasche um. Der Kaufmann geriet in Zorn und schlug den Papagei mit einem Prügel auf den Hinterkopf. Seit dieser Zeit konnte der Papagei, der sich vorher sehr intelligent gezeigt hatte, nicht mehr sprechen. Er verlor die Federn auf dem Schädel und wurde bald ein Kahlkopf. Eines Tages, als er auf dem Regal des Geschäftes seines Herrn saß, betrat ein glatzköpfiger Kunde den Laden. Sein Anblick versetzte den Papagei in höchste Erregung. Flügelschlagend sprang er umher, krächzte und fand schließlich zur Überraschung aller die Worte: „Hast du auch die Ölflasche heruntergeworfen und einen Schlag auf den Hinterkopf bekommen, da du auch keine Haare mehr hast?"

nach J. Rumi

Viel Erfolg bei Ihrer Projektarbeit
... und Ihrer Erfahrungssicherung!

Josef W. Seifert / Christian Holst

Literatur

Boy, Jacques/Dudek, Christian/Kuschel, Sabine
Projektmanagement
21. Auflage
Offenbach: GABAL Verlag,
2003

Burghardt, Manfred
Einführung in Projektmanagement
4. Auflage
Verlag Publicis MCD,
2002

Goldratt, Eliyahu
Die kritische Kette
1. Auflage
Frankfurt: Campus Verlag,
2002

Litke, Hans-D./Kunow, Ilonka
Taschenguide Projektmanagement
3. Auflage
Freiburg: Haufe Verlag,
2002

Mayrshofer, Daniela/Kröger Hubertus A.
Prozesskompetenz in der Moderation
1. Auflage
Hamburg: Windmühle Verlag,
2001

Schelle, Heinz
Projekte zum Erfolg führen
3. Auflage
München: Deutscher Taschenbuch Verlag,
2001

Seifert, Josef W.
Besprechungen erfolgreich moderieren
8. Auflage
Offenbach: GABAL Verlag,
2003

Seifert, Josef W.
Moderation & Kommunikation
4. Auflage
Offenbach: GABAL Verlag,
2003

Seifert, Josef W.
Visualisieren - Präsentieren - Moderieren
21. Auflage
Offenbach: GABAL Verlag,
2004

Young, Trevor
30 Minuten bis zum erfolgreichen Projektmanagement
4. Auflage
Offenbach: GABAL Verlag,
2003

Dieses Literaturverzeichnis erhebt keinen Anspruch auf Vollständigkeit. Die genannten Bücher gaben zum Teil konkrete Anregungen für dieses Buch. Andere sind als weiterführende Literatur gedacht.
Es lohnt sich sicher, in das eine oder andere Buch mal „reinzuschauen".
Viel Spaß dabei!

Verzeichnis der Abbildungen

Stichwortverzeichnis

Josef W. Seifert

Visualisieren – Präsentieren – Moderieren
Das Wesentliche zu den eng miteinander verknüpften Bereichen Visualisieren, Präsentieren und Moderieren in drei in sich geschlossenen Kapiteln. Dieses Buch ist zwischenzeitlich in mehrere Sprachen übersetzt, und – mit annähernd 250.000 Exemplaren – zu einem Standardwerk geworden. Erhältlich in Deutsch, Englisch und Französisch!

21. Auflage, GABAL Verlag, Offenbach 2004

Moderation & Kommunikation
Griffige Methoden für den feinstofflichen Bereich des Moderierens. Kommunikation, Gruppendynamik, Konfliktmanagement. Theoretisch fundiert und sehr praxisbezogen.

4. Auflage, GABAL Verlag, Offenbach 2003

Besprechungen erfolgreich moderieren
Die Umsetzung der klassischen Moderationstechnik in die Besprechungssituation am runden Tisch. 10 hilfreiche Kapitel für BesprechungsleiterInnen und TeilnehmerInnen.

5. Auflage, GABAL Verlag, Offenbach 2001

Mitarbeiter-Gruppen
Die Gebrauchsanleitung zur Einführung und Betreuung von Problemlöse-Teams nach dem Qualitätszirkel- oder Kaizen-/ KVP-Prinzip.

Leider vergriffen, gebraucht vorbestellen?
Siehe www.JosefSeifert.de

Games

Eine Sammlung von 10-Minuten-Games für ModeratorInnen und andere GruppenleiterInnen. Spiele und Übungen zur Auflockerung der Gruppe im Einstieg, zwischendurch und zum Abschluss. Unkompliziert, hilfreich, erfolgreich.

2. Auflage, GABAL Verlag, Offenbach 2001

30 Minuten für professionelles Moderieren

Das Wesentliche zum Thema Moderieren in einem schnellen Überblick: fundiert, praxisbezogen, nützlich.

1. Auflage, GABAL Verlag, Offenbach 2000

Projekt-Moderation

Projekte sicher leiten - Projektteams effizient moderieren ist ein Leitfaden für das Organisieren und Leiten von Projektarbeit ohne Einsatz spezieller Projektmanagementsoftware. Die Basis des dargestellten Vorgehens ist die klassische Projektmanagementmethodik. Die Wahl der Medien und Methoden erlauben es aber, „mit Bordmitteln" zu arbeiten und alle Projektmitarbeiter von Anfang an intensiv in die gemeinsame Arbeit einzubeziehen. Das „A und O" des Buches ist – wie immer – das konkrete Doing!

1. Auflage, GABAL Verlag, Offenbach 2004

Kontakt

Josef Seifert
Langenbrucker Straße 4   Telefon: 08446.92030   E-Mail: jws@projektmoderation.de
D-85309 Pörnbach-Puch   Telefax: 08446.920333 Web: www.projektmoderation.de

GABAL

More success for you

internet –
quick & easy
128 Seiten
ISBN 3-89749-253-9

telefonsales
128 Seiten
ISBN 3-89749-288-1

2. Auflage

telefonpower
128 Seiten
ISBN 3-89749-175-3

busiquette – korrektes
verhalten im job
128 Seiten
ISBN 3-89749-289-X

nutzen bieten –
kunden gewinnen
144 Seiten
ISBN 3-89749-254-7

powerpräsentation
mit powerpoint
330 Seiten
ISBN 3-89749-365-9